北方优质稻品种及栽培

BEIFANG YOUZHIDAO

PINZHONG JI ZAIPEI

第2版

邵国军　王先俱　主编

中国农业出版社

图书在版编目（CIP）数据

北方优质稻品种及栽培/邵国军，王先俱主编．—
2 版．—北京：中国农业出版社，2014.4
（最受欢迎的种植业精品图书）
ISBN 978 - 7 - 109 - 18943 - 0

Ⅰ．①北… Ⅱ．①邵…②王… Ⅲ．①水稻—栽培技
术 Ⅳ．①S511

中国版本图书馆 CIP 数据核字（2014）第 038410 号

中国农业出版社出版
（北京市朝阳区农展馆北路 2 号）
（邮政编码 100125）
责任编辑 杨天桥

北京通州皇家印刷厂印刷 新华书店北京发行所发行
2014 年 4 月第 2 版 2014 年 4 月第 2 版北京第 1 次印刷

开本：880mm×1230mm 1/32 印张：4.625 插页：4
字数：120 千字
定价：20.00 元
（凡本版图书出现印刷、装订错误，请向出版社发行部调换）

主　编　邵国军　王先俱

副主编　陈亚君　于广星

　　　　丁　芬　孙国娟

编著者（按姓氏笔划排序）

丁　芬　　于广星　　王大为

王先俱　　王文选　　王艳华

代贵金　　孙　驰　　孙国娟

孙国才　　孙满柱　　孙振东

张　城　　张　悦　　张国威

张忠旭　　李　非　　李有志

李跃东　　陈亚君　　陈富忠

陈德辉　　邵国军　　邵凌云

庞　秀　　卓亚男　　赵凤霞

姜秀英　　袁兴福　　商文奇

韩　勇　　蔡忠杰　　潘争艳

前言

我国是一个种植水稻历史悠久的国家，水稻品种资源丰富，其名特优稻米亦驰名中外。新中国成立前，由于遭受半封建半殖民地统治，人民生活水准低下，广大群众没有享用名特优稻米之福，但是，无论出于特殊用途（如医药等），还是为帝王和达官贵人提供特品需奉，劳动人民长期创造出来的优异稻米仍闻名天下。新中国成立后，特别是改革开放三十多年来，随着农业生产的飞跃发展，水稻生产水平亦大有提高，社会主义市场经济更加繁荣，名特优水稻的创新不断开拓。

为了满足广大人民群众生活水平日渐提高的需求，特别是我国加入世界贸易组织（WTO）之后，我国名特优水稻产业的发展，面临着新的挑战与机遇。北方稻区虽然种植面积不到全国的20%，但名特优稻米的品种种类、驰名品牌和生产总量却在全国占有举足轻重的地位。中国农业出版社组织修订《北方优质稻品种及栽培》一书，对指导东北、西北、华北稻区科学种植和大力促进该地区名特优水稻生产发展，有着非常重要的意义。

本书力求把北方各省、自治区、直辖市多年来的宝贵经验和研究成果与国内外有关研究所取得的进展结合起来，采取通俗易懂的语言加以叙述，以便为广大读者提供

参考。本书编写和修订先后得到全国农业技术推广服务中心、中国水稻研究所、中国农业科学院作物科学研究所、中国农业大学、西北农林科技大学农学院、沈阳农业大学、黑龙江农垦科学院、辽宁省绿色食品发展中心、辽宁农业技术推广总站、陕西省水稻研究所、河南省农业技术推广总站、吉林省农业厅水稻办公室、黑龙江省水稻研究所、黑龙江省农业技术推广总站、天津市农业技术推广站、沈阳市农业科学院、沈阳市新城子区优质水稻技术服务站、陕西汉中地区农业技术推广中心及洋县黑米名特作物研究所等单位给予的大力支持，最后由辽宁省农业科学院水稻研究所邵国军研究员等统一撰写完成。

由于编著者水平有限，时间较紧，所搜集的资料不全，疏误之处在所难免，恳请广大读者和同仁不吝指正。

编　者

2013 年 12 月 10 日于沈阳

目录

一、北方优质水稻生产概况与意义

（一）国内外优质水稻生产概况

1. 国外优质水稻生产概况

多年来，国外对优质水稻生产及其发展一直非常重视，日本在进行优质水稻新品种选育方面最早于 1956 年培育出农林 100（越光），接着又培育出农林 150（屉锦），种植面积迅速在全国扩大，深受广大稻农青睐。

在东南亚一带如泰国、菲律宾等积极开展优质米水稻品种选育，首先在国际市场上打开了销路，有些品种独占鳌头。直至今日，越光、屉锦等优质米水稻品种连续种植了几十年，久负盛名。即使抗稻瘟病能力较差，也在采取药剂防治和产量不高的情况下，种植面积仍然很大。为了达到维持中等产量，宁肯多打一次药也还继续种植。

泰国大米在国际市场上声名显赫，无论是外观还是食味都在人们的需求中占了上风；就连中国优质米基地东北的中心大城市沈阳的商业城也摆放销售着泰国香米。

2. 中国北方优质水稻生产概况

在中国历史上久负盛名的天津小站大米、山西太原晋祠米、陕西黑米等被称为御贡米，近现代有辽宁省桓仁的京租米等，深受人们喜爱。

近些年来，北方稻区优质稻米生产发展迅速，黑龙江、吉林、

1

辽宁、内蒙古、山东、河北、河南、宁夏、陕西、山西、甘肃、新疆、北京、天津、安徽、江苏等省、自治区、直辖市不断培育出优质水稻新品种、特种水稻新品种，并不断投向市场，满足了人们对优质稻米和各种特种稻米及其深加工产品（如糕点、复配品、酒类等）的需求。

3. 北方优质水稻生产发展现状

我国农业部于 1990 年举办了首次全国优质米评选活动，评出一批名优大米，成为推动各地优质米生产的契机。为了指导优质米生产发展，农业部于 1990 年提出绿色食品的命名和商品标志，并于 1990—1992 年相应制定出绿色食品标准、产品质量检测、管理法规等，使有关行政与生产管理部门有所遵循。

这些主要标准文件包括中华人民共和国国家农药安全使用标准 GB4285—1989，GB8321.2—1987，GB8321—1989 等，分别规定了优质水稻种植生态环境污染标准浓度限制的具体标准、灌溉水质标准值、土壤临界容量、稻谷产品杀菌剂常用药安全技术指标、杀虫剂常用药安全技术指标、除草剂常用安全技术指标、稻谷内残留量限值等。

北方稻区优质水稻生产面积逐年扩大，发展迅速。在东北、华北和西北 15 个省、自治区、直辖市建立了优质米生产基地，一些农业大专院校、农业科研院所、农业技术推广部门以及私营者建立了优质米生产、加工、销售一体化的米业责任有限公司，已经形成优质米产业化局面。

4. 开发优质水稻生产的意义

中国加入世界贸易组织（WTO）之后，对优质米生产的发展面临着激烈竞争和严重挑战，世界大米市场越来越拓宽，米质成为核心问题；随着经济全球化，现代化工业高度发展，现代化农业生产对高新技术应用领域不断开拓，水利化、化学化、机械化、电气化程度不断提高。一方面使作物产量有更大提高；另一

2

方面也增加了污染源，从大气、土壤、水质、整个生物圈，其生态环境越来越遭受到严重污染，这就给人类带来了重大威胁和影响。

随着人们生活水平显著提高，在膳食结构上有了很大的改变，而且也更加十分讲究生活质量，围绕人类身心健康为主题，严格限制污染源和治理环境污染，把危害减少到最低程度。

通过开展绿色革命，减轻环境污染，进行水稻无公害栽培，实施有机农业，生产出无残留或无毒含量的优质稻米，为人类提供有益于身体健康的优质米，具有重大的现实意义。

5. 开发优质水稻生产的有利因素

（1）优越的生产生态条件

我国北方稻区是一个以一季粳稻生产为主的寒温稻作区，粳稻比籼稻在米质方面具有生物学优良的特性。在国内外市场消费领域，人们对粳米的需求量远大于籼米。因为北方生态区的气候特点，秋季在水稻生育后期光照充足，昼夜温差大，水稻灌浆平稳而缓慢，有利于养分积累。粳米所含直链淀粉一般均在 20％以下，而籼稻直链淀粉含量却在 20％以上。

从稻谷灌浆速率看，北方与南方相比，南方灌浆速度大于北方灌浆速度；稻米质地结构，南方较疏松，北方较紧密。

（2）北方优质水稻品种资源十分丰富

从中国农业科学院作物科学研究所到各省、自治区、直辖市农业科学院（所）、农业大专院校都拥有很多优质水稻品种资源，可以为选育优质水稻提供更多的试验材料。其中有从国外引进的，有从全国各地搜集来的，也有通过选育实践储备起来的。在这些优质米品种资源中，选择优良性状好的材料，通过人工杂交选育的方法，可选出各种性状优良的水稻品种，例如不同生育期的类型、不同株型的类型（偏高、中等、偏矮、松散、半松散和紧凑型）、不同穗部性状的类型（弯穗、半弯穗和直立穗）以及不同产量结构性状的类型（穗数型、穗重型和穗粒兼顾型）等。

（3）优质米市场前景广阔

随着人们生活水平的不断提高，对食用米品质的选择要求越来越高，国内外大米市场对名、特、优大米的需求量也越来越大，特别是近年来，国内各优质米市场更加活跃，甚至有的优质米品种出现供不应求现象，其中以泰国大米成为畅销品，我国北方优质米开始打入南方和国外市场。

（4）优质米生产已形成产业化

优质米水稻生产基地建设和优质米营销企业组织已形成了规模，而且优质米水稻生产及其产业化呈现出方兴未艾的崭新形势。

国家科技部和农业部对优质米水稻生产发展非常重视，把优质米水稻育种列为国家攻关课题和跨越计划，各省、直辖市、自治区不仅把优质水稻育种列为攻关重点项目，而且都在积极加强优质米生产基地建设，建立了企业化管理体系，有些地区已形成了产业化，有些地区正在筹措之中。这些都为优质水稻生产大力发展提供了组织保证。特别是广大农村水稻生产大户十分重视以优质米作为龙头产品加以开发。

（二）优质水稻、优质米及绿色食品的一般概念

1. 优质水稻

从普通意义上讲，达到国家规定的优质水稻标准等级的稻谷，称为优质水稻。商品稻谷可以分为一、二、三级或一、二、三等。从优质米意义上讲，首要的是米质优，达到优质米标准要求。否则不能称为优质水稻。

2. 优质米

从狭义上讲，主要指品种自身所具有的优质特性，稻谷加工后米粒大小、形状、色泽、蒸煮性、食味等，均达到了所规定的标准；从广义上讲，除了具备以上所有特性外，还包括营养品质和卫

生标准。

3. 优质米和优质水稻含义的区别

优质米和优质水稻不是一个含义。

优质水稻包括优质米，而优质米只是指稻米而言。优质水稻包括优质稻谷与优质稻米两个方面的内容。如果经检验，稻谷水分含量按杂质、糙米率规定的标准就可以分为一、二、三、四等稻谷。即使米质不优，含水率不高，杂质含量不超过指标，糙米率高，青米、死米不超过标准，就可以定为一等稻。但这并不等于优质米。优质米在碾米品质、外观品质、蒸煮品质、食味品质、营养品质及卫生品质等多项指标均达到部颁标准要求。

优质水稻谷粒饱满，无病虫害，色泽金黄，加工后出糙米率高，整精米率高，米粒长宽比大、透明度高、色泽好，无垩白、腹白和心白，无青米、死米、白米，不易暴腰。

4. 优质米品质标准

(1) 碾米品质

对稻谷进行加工时，糙米率达 72% 以上，精米率达 62%～72%，整精米率达 50% 以上，无青米、死米、白米。

(2) 外观品质

包括稻米胚乳的透明度、米粒长度与形状等。市场普遍欢迎长粒型或中长型粒、无腹白、半透明大米。国际水稻研究所将水稻粒形分为：超长粒（7.5 毫米）、长粒（6.6～7.5 毫米）、中长粒（5.51～6.60 毫米），等于或短于 5.5 毫米的为短粒。粒长与粒宽之比大于 3.0 为细长粒，2.1～3.0 为中长，1.1～2.0 为粗短粒，小于或等于 1.0 为圆粒。

(3) 蒸煮品质

指大米通过蒸煮做成米饭时的吸水性、膨胀性、黏性、软硬度、有无光泽、松散性、冷却后质地、硬度等。

(4) 食味品质

指米味或饭味与口感或适口性。做好米饭散发出浓郁香味，吃到口里感到柔软可口，一般通过品尝时最易获取第一感觉，那就是好吃或一般或不好吃。

（5）营养品质

评价米质的一个重要标准就是蛋白质含量高低，同时包括各种氨基酸的含量。稻米所含氨基酸在各种谷类作物中其比例最大，是营养最好的谷物蛋白质，易被人体消化吸收，其生物价为 75，与大豆相等，高于玉米（60）、小麦（52）、花生（56），略低于牛肉（76），次于牛奶（96）和鸡蛋（94）。所谓生物价，指人体从外部摄取的蛋白质转化为人体蛋白质的百分率。从蛋白质营养价值的评价，另一个指标是蛋白价。美国农业部根据联合国粮农组织提出人体所必需的氨基酸比较标准，稻米的蛋白质为 70，面粉为 48，大豆为 72。可见大米的营养品质指标中蛋白质含量越高，其营养价值也越高。不过大米的蛋白质含量过高时，则因其对淀粉吸收水分膨胀产生一定影响，使淀粉不易完全糊化，对食味产生影响，使食味品质有所降低。

（6）卫生品质

指稻谷与稻米无公害污染，也包括无病害侵染。卫生品质合格的稻谷与稻米并不一定是优质米，而优质米则卫生品质必须达到标准所规定的要求。

5. 绿色食品

绿色是植物的特征，当今所说的绿色为农业的象征，是人类健康和生命的象征。国家农业部于 1990 年正式提出绿色食品及其标志，经国家工商行政管理局批准注册，受《中华人民共和国商标法》保护。

优质大米是绿色食品。从生态环境的要求与选择、生产过程，应是无公害、无污染、无残毒、米质优、营养佳；开发与生产全过程的总体要求是优质水稻新品种选定、生产基地建设、栽培技术规程、收割脱谷、加工包装、储运、销售、质量检测、技术监控。

二、优质水稻及其
栽培特点

（一）优质水稻对品种质量的要求

优质米品种是优质水稻的先决条件，也是优质稻米的内在因素。一个水稻品种不是优质稻，就无法获取优质米。因此，严格选择优质水稻新品种，这是大力推广优质水稻栽培的前提。

一般的说法，优质不高产，高产不优质。这种说法来源于生产实践，确实存在着这种矛盾，似乎质量与产量不能同时获得。多年来，育种家们在新品种选育过程中，所培育出来的许多水稻品种米质十分优异，而抗逆性和产量性状总是达不到预期效果，也就是难以达到既优质又高产的目标。

从遗传基因在品种自身所表现出来的一些性状看，一种是株型性状，植株高大与穗型大的品种多表现出抗倒性差，米质也差；另一种是株型中等偏高与穗型偏大，株型松散，抗倒性不强，米质较优，而产量并不突出；第三种是株型偏矮，穗型偏小，米质有优有劣，产量不高。

从杂种优势利用方面看，籼型与粳型亚种远缘杂交后代所选育出来的新品种，米质优的概率也低。无论是常规品种，还是杂交新组合达到优质而又高产的也不多见。

到目前为止，依据优质米标准达到要求或基本达到要求的，仍然以纯粳型优质米品种进行组配所选育出来的新品种居多，其缺点是抗倒性、抗病性及高产性并没有新的突破。因此，选育米质优、抗性强、产量高等综合性状均佳的优质水稻新品种是摆在所有育种

家面前的一项长期的艰巨任务。

（二）优质水稻对生态环境条件的要求

1. 对当地生态环境的要求

一是对大气污染标准浓度限制。在大气污染物中，总悬浮微粒、飘尘、二氧化硫、氮氧化物、一氧化碳及光化学氧化剂时间取值均不超过限值；二是基地土壤要求污染物如化肥、农药（包括杀菌剂、杀虫剂、除草剂）常用量保持在安全使用指标限定值以内；三是灌溉水质标准值不得超过规定指标。

2. 对生产中农艺技术的要求

从播种时种子处理、育苗、移栽等生产管理过程，要求严格把握所用的各种农药、生长调节剂、微量元素以及农家肥等的施用量、施用时期及其与籽粒残留量的关系。

（三）优质水稻对生产栽培措施的要求

总的指导思想：在无公害和保证质量的前提下，积极增加栽培技术中的诸项措施，最大限度地控制用量。不能为了追求高产，实施大水大肥和高剂量的其他措施，从而降低稻谷品质。

1. 对灌溉技术的要求

首先，不同灌溉水源对米质的影响。一般灌溉水有库水、井水、河水、污水及天然降水等。库水、河水对米质具有良好或无不良影响，井水有深井和浅井两种，深井水的温度偏低，对水稻生育有延缓作用，特别在气候不正常的年份，深井水对水稻生育影响更加明显，因而必须采取增温措施予以解决，否则将影响稻谷成熟和米质。污水分为工业污水和城市生活污水两大类，一般生活污水在污染物含量方面较安全，随着生活中化学用品如洗涤剂类对人类健康有害物质的减少使用，其污水的污染物不致超标，可以用于灌溉；影响最大的是工业污水，必须进行严格测试和监控，特别是有害的重金属污染物含量，即使不超过标准也不宜用于灌溉，因为重金属污染物可在土壤中累积并污染环境，特别是对人类健康有害的非营养性元素如镉、汞、砷、铅等。

由此可见，严格掌握灌溉水质对生产优质稻米是十分重要的。

其次，灌溉方法对水稻生育有直接影响，进而对米质产生影响。采取节制灌溉，在不影响水稻正常生长的前提下，尽量减少灌溉用水是非常有意义的，特别是现阶段水质污染普遍比较严重的情况下，减少灌溉用水自然会减少土壤和水稻对污染物的吸收。因此，坚持推行节水灌溉栽培对保证优质水稻生产是有利的。控制灌溉用水还有一个重要作用，就是使水稻健康稳健生长，避免疯长，既有利于减轻病虫害发生，又可防止倒伏和后期早衰，这对生产优质水稻也是十分有利的。

2. 对施肥技术的要求

首先，应选择合适的肥料种类。一般应减少含氯化物的肥料使用量，既可减轻土壤盐渍化，也可减少氯离子污染；还应注意合理使用含磷量高的磷肥，用量要适当，如果用量过多，则易增加土壤氟化物含量。

其次，用量不宜过多，特别是要控制氮肥。日本为了减少氮肥施用量，在优质水稻种植上提出无氮栽培法。前期施氮过多，容易徒长和增加无效分蘖；中期施氮过多，容易使群体过度繁茂和田间郁蔽，不利于通风透光，导致后期早衰；后期灌浆前施氮过多，使稻米含蛋白质过多，影响食味品质。

第三，严格施肥时期。根据稻田土壤类型和灌溉水源和水质不同，应具体灵活掌握。一般冷浆土和前期发苗不旺，生育迟缓，应施足底肥，特别是必须施足氮和磷。井水灌溉，地温低、稻田漏水，应适当坚持"少吃多餐"的多次施肥原则。污水灌溉，其水质如果氮含量偏多，应相对减少氮肥的施用量。如果遇到低温冷害年

份，特别是延迟性冷害，水稻生育缓慢，后期抽穗延后，应适当增施速效氮肥如硫酸铵或碳酸氢铵，有利于促进出穗。

3. 对脱谷储运和加工的要求

（1）对脱谷和储运的要求

水稻成熟期应及时收割，防止倒伏影响稻谷品质。当然也不可以提早收割，以免伤镰，使籽粒未能充分成熟，容易影响出米率，使青米增加。

脱粒后要充分晾晒，防止稻谷超过安全水分，如果稻谷含水率过高，则易发生霉变，直接影响稻米品质。由于水稻品种不同，米质的性状和品质差异很大，必须坚持分品种收割、脱粒、运储，切不可混合收、脱、运、储，以免影响稻米品质。

脱粒后如果含水量过大，应进行干燥处理，一般采取场上充分晾晒，达到标准水分方可入库。不提倡稻谷机械烘干，以免影响稻谷品质。在储藏期间注意通风，防治虫鼠害。

（2）稻谷加工的质量要求

第一，加工机械设备选取。按照优质大米加工生产规模和质量标准，经过认真考察之后确定引进和安装稻米加工设备，从厂房到环境条件均应周密考评，最后才能确定。

第二，优质米加工各项技术参数要经过反复试验得出稳定数据。对糙米、精米、整米、碎米分级、包装，达到技术质量标准要求，然后才能正式投入米业加工。

第三，优质米深加工。优质稻谷经过一般加工成为成品优质大米，在此基础上增加其他工艺，为深加工。优质米深加工主要是增光，强化营养，留胚和水洗，使大米具有光泽。增加水洗工艺所生产出来的大米，经包装成为商品优质米，一般成为免淘米、清水大米、水洗米、不淘洗米等。还有珍珠米、白米、营养强化米、绿色大米及留胚米等。

经过深加工的大米外观美，打开包装不必经过水洗或淘米，可直接做饭。几种优质米深加工方法如下：

①免淘米：人们从粮店购回来的大米或自家加工出来的大米，在做饭前要进行淘洗过程，这就免不了使大米的营养成分随水流失，既浪费了人工浪费了水，又损失了大米的营养。为了不损失大米营养和减少水与人工的浪费，可以采取免淘米生产的方法。

湿润法：利用糙米皮层与胚乳易分离的原理，在加工时把碾米和淘洗两者结合起来，对糙米加 0.5%～1.0% 喷雾水，使糙米皮层湿润而松软，与胚乳分离，让大米达到精白度，再添加有黏着力的糖类或蛋白质类的水溶液湿润米粒表面，利用摩擦力进一步提高除糠效率，使米达到与淘洗米一样的程度。

水磨法：在碾米过程中，利用渗水装置向碾米内按要求进行渗水，一般每 100 千克大米喷洒洁净水 100～160 毫升，通过降温失水吸走秕糠，然后经过白米分级筛除糠团或细糠，最后得到表面光洁如同淘洗一样的大米。

②留胚米：留胚米最早在 20 世纪 20 年代日本问世。日本地处海洋岛国，空气湿度大，人们普遍发生脚气病（用留胚米可预防）。由于食用品质差，后来中断这种留胚米的生产。到了 70 年代又重新提出生产留胚米，并制定了其标准，要求留胚米达到 80% 以上，食用时一般免淘。因为米胚含多种维生素，故比普通大米营养价值高。留胚米的生产与大米生产过程相似，经过清选、砻谷、碾米、成品包装等工序。

③营养强化米：为了避免因为长期食用高精度大米可能引起某些营养元素的缺乏，可进行在加工成大米后添加维生素、氨基酸、锌、铁、钙等营养物质，以强化大米的营养。通过在加工后的大米中添加所需营养物质而生产出来的大米称为营养强化米。人们在实践中不可能将所有大米都加工成营养型米，只能少量制成，因此用少量营养米与普通大米混合食用，就可以满足人们对营养的需求。

（3）绿色食品与绿色大米标准要求

绿色食品是指出自无污染的环境条件，生产全过程是无公害、无污染、无残毒、优质安全、营养丰富的食品，绿色大米也应该是绿色食品。绿色大米不但要符合国家农业部关于绿色食品所规定的

要求，而且还要达到国家农业部关于优质米所颁布的一切标准和国家卫生部标准。

　　绿色大米与绿色食品工程包括生产基地建设、生产技术操作规程、有关高新技术的应用、稻谷加工、包装、储藏销售和质量监测与监控。由此可见，绿色大米即优质大米的同义词，是一个完整的生产与销售的系统工程。

三、优质水稻的标准

（一）优质水稻品种标准

1. 优质水稻品种株型标准

（1）株高

一般株高要求在 100 厘米左右，过高易发生倒伏，株高超过 105 厘米抗倒伏能力减弱，特别是达到 110 厘米以上更容易发生倒伏。我国著名水稻栽培专家杨守仁教授曾提出理想株型为偏矮秆、偏大穗。多年来，国内外水稻育种家们还没有选出矮秆大穗的高产新品种。实践与理论都证实，水稻生物产量与经济产量的相关性均与植株各部器官密切相关。水稻植株高度过矮，则其生物产量不高，经济产量受到限制。在一般情况下，株高与产量有一定的相关性，即在一定条件下植株高度增加，穗子增大，产量相应提高。

（2）分蘖

水稻品种一般分为穗数型、穗重型和穗粒兼顾型三种。所谓穗数型为分蘖力强的品种，穗重型则为分蘖力弱的大穗型品种，穗粒兼顾型为分蘖力中等的品种。由于优质水稻栽培地区广阔，气候生态条件、地理土质类型变化各异，在水稻分蘖特性上不可能确定同一个指标或标准。为了实现高产优质这一目标，在选用优质水稻品种时，应该了解其分蘖特性，以便采取相适应的栽培对策。

（3）生育期

品种生育期是一个品种生物学特性的重要指标，是正确实施优质栽培的科学依据。在北方稻区按品种生育期长短分为早熟、中熟、晚熟三个基本类型，再可进一步划分极早熟、中早熟、早熟、中熟、中晚熟、晚熟等品种类型。

（4）株型

按植株株型可分为直立紧凑型、半直立紧凑型、松散型三种类型；按株高可分为高秆、中秆、矮秆三种株型。

2. 优质水稻品种生理特性

（1）耐肥性

主要指对氮肥的吸收力。分为高度耐肥、中等耐肥、喜肥、较耐肥、不耐肥等 5 种不同耐肥水平。

（2）耐水性

主要指耐深水淹灌能力，即耐淹性；根系发达性，即耐旱性；对水分反应敏感性等。

（3）抗逆性

耐寒性强，耐低温，耐冷凉；抗病性分为高抗、中抗、抗、不抗、易感等；抗倒伏性分为抗倒性强、抗倒性中等、抗倒性差；耐盐碱性分为耐盐碱性强和不耐盐碱。

（二）优质水稻生态环境标准

1. 大气污染标准

优质米水稻生产基地，大气污染浓度限制的具体标准如表 3‑1所示。

表 3-1 大气浓度限制指标

单位：毫克/米³

项 目	浓度限制	
	取值时间	一级标准
总悬浮微粒	日平均 任何一次	0.05 0.30
飘 尘	日平均 任何一次	0.05 0.15
二氧化硫	年日平均 日平均 任何一次	0.02 0.05 0.15
氮氧化物	日平均 任何一次	0.05 0.10
一氧化碳	日平均 任何一次	4.00 10.00
光化学氧化剂	1小时平均	0.12

注：1. "日平均"为任何一日的平均浓度不许超过的限值。

2. "任何一次"为任何一次采样测定不许超过的浓度限值。

3. "年日平均"为任何一年的日平均浓度的值不许超过的限值。

2. 优质水稻灌溉水质标准

优质水稻生产过程中对水质有一定的要求。水稻灌溉水质的好坏对稻谷米质产生直接影响。国家对农田灌溉用水的水质标准做了明确规定（表3-2）。

表 3-2 农田灌溉用水的水质标准

单位：毫克/升

项 目	二 类 标 准 （≤）
水温（℃）	25
pH值	5.5～8.5

（续）

项　目	二　类　标　准　（≤）
含盐量*	1 000（非盐碱土地区），2 000（盐碱土地区）
氯化物	350
硫化物	1
汞及其化合物	0.001
镉及其化合物	0.01**
砷及其化合物	0.05
六价铬化合物	0.1
铅及其化合物	0.2
铜及其化合物	0.5
锌及其化合物	2.0
硒及其化合物	0.02
氟化物	2.0（一般地区），3.0（高氟区）
氰化物	0.5
苯	2.5
阴离子表面活性剂	5
悬浮物	80

注：* 在以下具体条件的地区，全盐量水质标准可略放宽：

　　1. 水资源缺少的干旱和半干旱地区；

　　2. 具有一定水利灌溉工程设施，能保证一定的排水和地下径流条件的地区；

　　3. 有一定淡水资源满足冲洗土壤中盐分的地区；

　　4. 土壤渗透性好，较平整，并能掌握耐盐作物类型和生育阶段的地区。

　　** 轻度污染灌区指污染物含量超过土壤本底上限，但农作物残留不超过农作物本底上限。

3. 优质水稻栽培对土壤污染物标准的要求

优质水稻生产对土壤污染标准执行绿色食品要求的标准（表3-3）。

表3-3　绿色食品生产土壤临界容量标准

单位：毫克/升

项　目 土　种	汞	镉	铅	砷	铬	铀
草甸褐土	0.43	2.8	800	21	3.5	300
草甸壤土	0.2	2.0	300	30	50	500
国家卫生标准	0.02	0.04	1	0.7	0.5	500

由表3-3可见，对非营养性的汞（Hg）、镉（Cd）控制标准更加严苛，因为其对人类健康危害最严重。

4. 常用杀菌剂安全用量技术指标

目前对水稻一些主要病害如稻瘟病、立枯病、纹枯病及恶苗病等仍需使用杀菌剂进行防治。为了把污染指标降低到最低点，应按国家绿色食品常用杀菌剂安全用量的技术指标（表3-4）操作。

表3-4　国家绿色食品常用杀菌剂安全用量技术指标

农药名称	杀菌剂剂型	667米² 常用量 （克，毫升）	667米² 最高用量 （克，毫升）	最多 用药 次数	最后一次用药 至收割前安全 间隔天数（天）	糙米残留限 量参照值 （毫克/千克）
稻瘟灵	40%乳油或可湿性粉剂	70	100	3	14	2
三环唑	75%可湿性粉剂	20	30	2	21	2
四氯苯酞（稻瘟酞）	50%可湿性粉剂	65	100	4	21	1
敌瘟磷（克瘟散）	40%乳油	55	95	4	21	0.1
春雷霉素（加收米）	2%水剂	75	100	3	21	0.04
土菌硝（恶霉灵）	30%水剂	3毫升/米²（苗床）	6	3		0.5

（续）

农药名称	杀菌剂剂型	667米² 常用量 （克，毫升）	667米² 最高用量 （克，毫升）	最多 用药 次数	最后一次用药 至收割前安全 间隔天数（天）	糙米残留限 量参照值 （毫克/千克）
纹达克 （灭锈胺）	75%可湿性 粉剂	4.3	75	2	30	1
多菌灵	50%可湿性 粉剂	3.3	50	3	30	

　　由表3-4所示，各种杀菌剂安全用量一定要严格控制在单位面积（667米²）常用量以下，不得超过最高限量；用药次数越多，增加污染程度越严重，特别是在收割前最后一次施药间隔期不能晚于所限天数，否则将增加糙米残留量。

5. 常用杀虫剂安全用量技术指标

　　北方稻区常年发生的害虫主要有二化螟、稻纵卷叶螟、稻螟蛉、稻水象甲、稻潜叶蝇、稻飞虱、蝗虫等，在达到消灭害虫的情况下应尽量减少杀虫药剂的用量。绿色食品常用杀虫剂安全用量技术指标和粮食残毒存留量限值见表3-5和表3-6。

表3-5　国家绿色食品常用杀虫剂安全用量技术指标

项目 农药	杀虫剂 剂型	667米² 常用量 （克，毫升）	667米² 最高用量 （克，毫升）	最多 用药 次数	最后一次用 药至收割前 间隔天数（天）	糙米中残 留限量 （毫克/千克）
杀螟丹 （巴丹）	50%可湿性 粉剂	75	100	3	21	0.1
克百威 （呋喃丹）	3%颗粒剂	1 500	2 500	2	60	0.2
杀螟硫磷 （杀螟松）	50%乳油	75	100	3	14	0.4
稻丰散 （爱乐散）	50%乳油	100	1 500	4	7	0.05

（续）

项 目 农 药	杀虫剂剂型	667 米² 常用量（克，毫升）	667 米² 最高用量（克，毫升）	最多用药次数	最后一次用药至收割前间隔天数（天）	糙米中残留限量（毫克/千克）
敌百虫	90％固体	100	100	3	7	
乐果	40％乳油	100	125	3	10	
喹硫磷	25％乳油	150	200	3	14	0.2

表 3-6 粮食中有毒物存留限值

单位：毫克/千克

执行标准	检验项目	指标	执行标准	检验项目	指标
	磷化物	≤0.05	GB4809—84	敌敌畏	≤0.1
	氰化物	≤5		乐果	≤0.05
GB 2238—84	氯化苦	≤2	GB 5127—85	马拉硫磷	≤3.0
	二硫化碳	≤10		对硫磷	≤0.1
GB 2715—81	黄曲霉毒素 B₁	≤10	GB 4788—84	杀螟硫磷	≤0.4
	氟	≤1.0		倍硫磷	≤0.05
	七氯	≤0.02		砷（以 As 计）	≤0.7
	艾氏剂	≤0.02		汞（以 Hg 计）	≤0.02
	狄氏剂	≤0.02		镉（以 Cd 计）	≤0.2

由表 3-6 所示，粮食中有毒物残留量限值在 5 个国家标准中分别对主要农药的含量提出了限值，如经检验其指标超过限值，则定为绿色食品不合格品。

6. 常用除草剂安全用量技术指标

北方各省水稻田化学除草药剂种类繁多，也在不断推出各种复配新型除草药剂。为了确保优质水稻减少污染，必须依照国家规定的农药安全使用标准执行（表 3-7）。

表 3-7　国家绿色食品常用除草剂安全使用量技术指标

项　目 农药名称	除草剂 剂型	667 米^2 常用药量 （克，毫升）	667 米^2 最高用药量 （克，毫升）	最多 用药 次数	糙米残留限 量参照值 （毫克/千克）
丁草胺（马歇）	60％乳油	85	1 400	1	0.5
	5％颗粒剂	100	1 600	1	0.2
禾草丹（杀草丹）	50％乳油	330	500	2	0.05
噁草酮（噁草灵）	25％乳油	70～130	170	1	0.05
	12％乳油	200	270	1	禾草特0.1
灭草松（苯达松）	48％液剂	150～180	200	1	西草净0.02
禾田净	78.4％乳油	200	250	1	戊草净0.05
威乐生（排草净）	50％乳油	100	150	1	哌草磷0.05
优克稗（哌草丹）	50％乳油	140	265	1	0.08
敌稗	20％乳油	750～1 000	1 000	2	
农得时	10％可湿 性粉剂	13.3～20	20	1	
禾草特（禾大壮）	96％乳油	100	200	2	0.1
果尔（氟硝草醚）	23.5％乳油	10～20	35	1	

注：绿色食品农药使用执行中华人民共和国国家标准，农药安全使用标准 GB 4285—89，GB 8321.1—8321.2—87，GB 8321—89 和国家有关规定，同时优质米水稻生产过程中禁用有机汞制、砷（砒）制剂、氟乙酰胺、二溴乙烷、杀虫醚、1059。

（三）优质稻米的标准

　　优质稻米又称优质大米，必须由优质水稻品种加工而成。在前边有关优质大米与优质水稻的一般概念中已经作了阐述。根据中华人民共和国农业部颁布的水稻优质米标准，对北方粳型优质稻米标准进行具体介绍。

1. 优质稻米的一般标准

　　国内外大米市场对优质米的要求主要是商品质量，重视外观品质和适口性，近年来也更加重视卫生品质和营养品质。由于各地传统生活习惯对米质要求和口味不同，食用粳型与籼型米的不同，对大米品质各项指标要求有一定差异。北方喜欢食用米质柔软稍具黏性的粳米。国际上公认的优质大米质地透明，直链淀粉和糊化温度中等的长粒米，胶稠度较软，蒸煮时米粒伸长性好，富有香味。

就全国而言，国家农业部颁布了优质稻米统一标准，在此基础上，各省有的制定了地方优质稻米标准。

2. 优质稻米的品质标准

(1) 碾米品质标准

碾米品质标准是指稻谷加工脱去谷壳后的三项指标。一是糙米率，即去壳后的糙米占稻谷重量之比，要求糙米率达到 72％～84％；二是精米率，糙米经过碾磨去掉糠皮和胚即成为精米，精米占稻谷重量的百分率为精米率，一般要求达到 70％以上；三是整精米率，整精米占稻谷重量的百分率为整精米率，一般整精米率在 50％以上。如果稻谷充分成熟，籽粒饱满度高，整精米率与糙米率就高，优质稻米要求糙米率达 83％以上，精米率达 74％以上，整精米率达 65％以上。

水稻整精米率高低除了和栽培管理水平及加工技术有关外，与水稻品质的遗传性状有密切关系。如谷粒大小、粒型长短、垩白大小均有一定关系。一般长粒型、大粒、垩白大，整精米率低。相反，谷粒中长型、半透明、垩白较小或短粒，则出米率高。

(2) 稻米外观品质标准

稻米外观品质标准主要指米粒大小、形状、米粒色泽（透明度）、腹白、心白大小、垩白率等。

米粒大小与粒形以米粒长度分级，其划分标准为：超长粒≥7.5 毫米，长粒≥6.6～7.5 毫米，中长粒≥5.5～6.6 毫米，短粒≤5.5 毫米；米粒形状以长/宽比表示，细长粒≥3.0，中长粒≥2.1～3.0，短粒≥1.1～2.0，圆粒≤1.0。

米粒色泽主要以透明度表示，分为半透明和不透明两种。不透明部分指米粒心白、腹白和背白，统称垩白。垩白大则不透明，垩白极小或无垩白则为半透明。所以，用肉眼看，大米色泽很白或很光亮，从外观看达到了优质米的指标。而不透明的垩白部分，其淀粉粒质地疏松，吸水多，蒸煮时膨胀性强，容易煮烂，食味差。

(3) 蒸煮品质标准

稻米通过蒸煮成为米饭供人们食用。米饭的品质直接与稻米的吸水性、膨胀性、黏性、软硬性、米饭色泽、饭味、适口性、冷凉后柔软程度等相关，优质大米应该是吸水性、膨胀性较强，有一定黏性，软硬适宜，达到柔软性，适口性好，有光泽，冷凉后仍保持较柔软，不回生。直链淀粉含量、糊化温度和胶稠度对稻米品质有一定影响。

①直链淀粉含量：米质的理化特性与其所含直链淀粉量、糊化温度及胶稠度有密切关系。稻米的淀粉包括直链淀粉和支链淀粉两种。稻米直链淀粉含量越多，对米饭蒸煮食味品质影响越大。国际水稻研究所对稻米直链淀粉含量分为6级：蜡质，≤3%以下；很低，≤31%～10%；低，≤10%～15%；中等，≤15.1%～20%；中等偏高，≤20.1%～25%；高，≤25.1%～30%。粳型稻米一般均低于20%以下。

②糊化温度高低：稻米糊化温度直接影响米质淀粉和胚乳的硬度。做饭加热时，米在热水中开始吸水膨胀变黏，由于品种不同，增加黏度所需温度有一定差异。其糊化温度的高低与蒸煮时间长短及吸收水分的多少成正比，一般在55～75℃。糊化温度高的品种，稻米要求蒸煮时的温度高，吸水多，时间长。通常情况下，特别是稻米含水量很低，如果在做饭前浸泡1～2小时，做饭时蒸煮时间可以缩短一些；糊化温度低的品种，稻米蒸煮的时间可以短一些，温度也较低。国际水稻研究所对稻米糊化温度分为三级：低糊化温度，55～69℃；中糊化温度，70～74℃；高糊化温度，75～79℃。

③胶稠度：稻米的胶稠度是平衡米饭软硬的标准。胶稠度大小与品种直链淀粉含量有关，对米饭软硬适口性有直接影响。一般中、低直链淀粉含量其胶稠度大，做出的米饭较柔软。胶稠度根据胶质延伸长度可分为四等：软，61～100毫米；中等，41～60毫米；中硬，36～40毫米；硬，26～35毫米。国际水稻研究所将不同品种的胶稠度分为硬、中、软三类。

除上述三方面与蒸煮品质有关外，稻米的米粒延伸性与蒸煮品质也有一定关系。因品种不同也有差异，一般要求选择米粒向长度延伸而不要横向膨胀的遗传性状为好。实践中有的米粒可向长度延长1倍，也有的只伸长其长度的40%左右。

（4）食味品质标准

对稻米品质的评价，食味也是一个很重要的因素，它直接影响稻米的适口性。稻米做出米饭，如果味道清香纯正而适宜、口感好，其商品品质价值当然很高。

稻米做成米饭时，其食味品质是否达到优质米要求，因人爱好、蒸煮方法及加工技术不同而异。在同样条件下，做出的米饭，其外观、气味、食味、黏性、弹性及综合性状等六项要素的相关评价见表3-8。

表3-8　米饭理化性状与食味关系

理化性状	食味好	食味差	理化性状	食味好	食味差
加热吸水率	低	高	淀粉粒碱消值	大	小
膨胀容积	小	大	黏性	大	小
糊化温度	低	高	弹性	大	小

由表3-8可见，加热吸水率低、膨胀容积小、糊化温度低，而淀粉粒碱消值、黏性及弹性大则食味好，反之则食味差。

（5）营养品质标准

营养品质是评价稻米品质的主体指标，也是评定稻米营养价值的基本依据。营养品质主要取决于稻米蛋白质含量和人们体内不能合成的必需氨基酸含量。人们体内必需氨基酸主要有异亮氨酸、亮氨酸、赖氨酸、苯丙氨酸、蛋氨酸、苏氨酸、色氨酸及缬氨酸等8种。美国根据联合国粮农组织提出的理想蛋白质的氨基酸组成作为比较标准，计算出稻米及其他作物蛋白质的蛋白价，见表3-9。

表3-9 各种蛋白质的必需氨基酸含量比较

单位：毫克/千克

必需氨基酸	理想蛋白质	牛奶	鸡蛋	牛肉	鱼	稻米	面粉	大豆	马铃薯	菠菜
异亮氨酸	270	407	4 150	327	317	279	262	336	274	290
亮氨酸	306	626	550	512	472	513	439	482	311	478
赖氨酸	270	496	400	546	548	235	130	395	333	386
苯丙氨酸	180	309	361	257	232	299	313	309	276	269
蛋氨酸	270	213	342	234	266	188	189	195	138	230
苏氨酸	180	294	311	276	271	233	164	246	246	276
色氨酸	90	90	103	73	62	64	70	86	67	101
缬氨酸	270	438	464	347	333	416	246	238	334	343
蛋白价	100	79	100	82	69	70	48	72	51	85

由表3-9所示，在8种必需氨基酸含量中，稻米有5种高于面粉，其中赖氨酸含量比面粉高80.8%，蛋白价高45.8%。

(6) 稻米卫生标准

稻米卫生标准主要指对稻米中农药残留量和其他有毒物质含量的限值规定指标。必须执行GB 2715规定，其标准分析方法按GB 5009—36规定执行。

有关标准在本书表3-1、3-2中曾有过阐述，可供参照。

3. 优质稻米品质综合指标

国家农业部对优质稻米生产及其标准非常重视，并颁布了国家优质米产品标准，各省、直辖市、自治区等对优质米进行了深入研究，并制定了相关地方标准。

（1）优质水稻品种米质指标

据黑龙江省农业科学院谷物分析加工技术中心对 40 个水稻品种（系）150 份材料依照国家农业部《标准米质测定法》进行了分析，鉴定出各项平均指标及其变异范围（表3‐10）。

表3‐10　水稻品种米质指标平均值与变异幅度

测定项目	平均值	变化幅度	变异系数
糙米率（％）	80.82	76.5～84	1.55
精米率（％）	73.5	67.5～77.5	3.28
整精米率（％）	68.01	52.5～76.0	8.0
透明度	半透明	近半透明至半透明	
垩白面积（％）	25.38	1.9～53.9	72.63
垩白米率（％）	30.5	3.25～81.5	67.5
碱消值（级）	6.93	6.58～7.0	4.0
胶稠度（毫米）	55.15	44～70.75	9.48
直链淀粉（％）	18.72	17.05～20.26	8.0
蛋白质（％）	8.24	6.57～11.53	8.45

由表3‐10可知，从碾米品质看，均达到部颁一级标准，但有相当部分品种垩白较多，垩白有损米粒，对外观品质影响很大，也影响食味品质。所以，在育种目标上还有待进一步攻克。碱消值6～7，属于低糊化温度类型。直链淀粉 17％～21％，多属于低直链淀粉类型。

（2）优质水稻品种米质分级标准

黑龙江省根据本省优质水稻品种特性制定了地方分级标准（DB 23/180—94）及市场商品稻米品质分级标准，见表3‐11。

表 3 - 11　黑龙江省优质水稻品种米质分级标准

项目 等级	碾米品质（%）				外观品质（%）				理化性质				食味品质			
	稻谷			稻米												
	糙米率	精米率	整精米率	碎米率	透明度和光泽	垩白度率	垩白面积率	米粒形状	直链淀粉（%）	胶稠度（毫米）	碱消值（级）	蛋白质（%）	气味（分）	色泽（分）	食味（分）	冷饭质地（分）
一等	≥84	≥75	≥70	5	半透	≤5	≤5	≥1.7	≤18	≥65	≥7.0	8.0	≥5	≥5	≥17	≥5
二等	≥82	≥73	≥66	10	明有	≤10	≤10	≥1.6	≤22	≥60	≥6.5	8.5	≥4	≥4	≥14	≥4
三等	≥80	≥71	≥62	15	光泽	≤20	≤20	≥1.5	≤28	≥55	≥6.0	9.0	≥3	≥3	≥11	≥3

由表 3 - 11 所示，黑龙江省制定的地方标准是根据国家农业部颁布的国家标准范围内对不同品种优质稻米提出的三个等级的分级标准。外观品质的标准是根据米粒长度与宽度之比值确定的，食味品质的标准是参与评定者根据感观和品尝评定分数而定。

（3）优质水稻商品大米分级标准

与此同时，对市场商品大米品质分级标准进行了制定，见表 3 - 12。

表 3 - 12　市场商品大米品质分级标准

项目 等级	最高限度					色泽气味
	水分（%）	不完全粒（%）	杂质（%）	碎粒（%）	黄粒米及异色米	
一等	14.5	3.0	0.2	5	1	
一等	14.5	3.5	0.2	10	1	正常
三等	14.5	4.0	0.2	15	1	

如表 3 - 12 所示，市场商品大米品质分级标准是以优质稻品种

加工出来的优质米，其品种纯度应达到 95％以上；其卫生品质、农药残留量及其他有毒物质的含量均要求符合 GB 2715 的规定。其他相关标准均分别按各有关标准 NY 147、GB5009—36、GB 5494、GB 5503 及 GB 5496 规定执行。

（4）精、特、标米质量指标

辽宁省农业科学院水稻研究所与沈阳市苏家屯区技术监督局共同以优质水稻新品种辽粳 294 为样本，根据《标准化法》的要求，采用了 ISO7301—1988 大米（E）规格。农药残留指标等效并严于美国和联合国标准规定，制定了辽宁省地方优质稻米东北珍珠米品质标准，LND—JO2—01—1998（表 3‐13‐1，表 3‐13‐2，表 3‐13‐3）。

表 3‐13‐1　精洁米质量指标

项　目 加工精度	黄粒米 （％）	不完善粒 （％）	最大限度杂质					碎　米 （％）		水分 （％）
			总量 （％）	其　中						
				糖分 （％）	矿物质 （％）	带壳稗粒 （粒/千克）	稻谷 （粒/千克）	总量	小碎米	
背勾有皮，粒面米皮基本去净的占 85％以上	0	≤1.5	≤0.03	0	0	1	0	≤3.0	≤0.04	≤14.0

表 3‐13‐2　特等晚粳米质量指标

项　目 加工精度	黄粒米 （％）	不完善粒 （％）	最大限度杂质					碎　米 （％）		水分 （％）
			总量 （％）	其　中						
				糖分 （％）	矿物质 （％）	带壳稗粒 （粒/千克）	稻谷 （粒/千克）	总量	小碎米	
背勾有皮，粒面米皮基本去净的占 85％以上	≤2.0	≤2.0	≤0.15	≤0.08	≤0.02	6	3	≤12.0	≤1.0	≤15.5

表 3 - 13 - 3 标一米质量指标

项 目 加工精度	黄粒米 (%)	不完善粒 (%)	最大限度杂质					碎 米 (%)		水分 (%)
			总量 (%)	其 中				总量	小碎米	
				糖分 (%)	矿物质 (%)	带壳稗粒 (粒/千克)	稻谷 (粒/千克)			
背勾有皮，粒面留皮不超 1/5 的占 80% 以上	≤2.0	≤2.0	≤0.2	≤0.08	≤0.02	6	3	≤12.0	≤0.8	≤15.5

4. 优质稻米等级标准

稻米等级是稻谷加工的重要指标。加工不同等级的大米，选择的加工工艺、设备及加工方法不同，但必须确保质量要求。

各类大米加工精度，均以 GB 1354—86 规定的标准，按加工精度分等级。在制定精度样品时，其等级标准要符合下述规定：

特等大米：背勾有皮，粒面米皮基本去净的占 85% 以上；

标准一等大米（简称标一米）：背勾有皮，粒面留皮不超过 1/5 的占 80% 以上；

标准二等大米：背勾有皮，粒面留皮不超过 1/3 的占 75% 以上；

标准三等大米：背勾有皮，粒面留皮不超过 1/2 的占 70% 以上。

各类标准大米中的黄粒米限度为 2%。

四、北方优质水稻生理
生化与气候生态

从我国气候带对水稻种植的影响，以宏观范围粗线条划分，以江苏和安徽以北，或以黄淮海地区粳型水稻种植区以北，也可以省份划分，东以山东，中以江苏、安徽，西以河南以北分为东北、华北和西北3个水稻种植区域。东北包括黑龙江、吉林、辽宁3省；华北包括山东、河北、江苏（苏北）、安徽（皖北）、河南、天津、北京、内蒙古等8省、直辖市、自治区；西北包括山西、陕西、宁夏、甘肃、青海、新疆等6省、自治区。

（一）稻米品质的生理生化特性

稻米品质的生理生化性质很复杂，具有多样性，包括其物理结构和化学成分的不同，均影响稻米品质的特性。这些都与稻米食味蒸煮品质的综合性状有着密切关系。稻米品质的生理生化过程如图4-1所示。

由图4-1可以看出，稻米品质除受遗传特性影响外，环境条件对其有着重要影响，主要通过稻谷籽粒在灌浆结实期内部生理生化过程的变化而起作用。

稻米品质的生理生化特性主要从碾米、外观、蒸煮食味及营养品质四个方面加以阐述。

1. 稻米的碾米品质

稻米的碾米品质由糙米率、精米率和整精米率三项内容所组

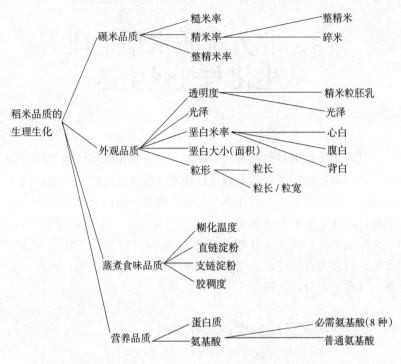

图 4-1　稻米品质的生理生化

成。糙米率是指净稻谷脱壳后的米粒占稻谷重量的百分比，即：

$$糙米率(\%) = \frac{稻谷脱壳后米粒重}{稻谷重} \times 100$$

精米率是指糙米碾去米糠皮和胚以后的整精米和碎米占稻谷重量的百分比，即：

$$精米率(\%) = \frac{碾去米糠皮和胚后的整精米与碎米重}{稻谷重} \times 100$$

整精米率是指整粒精米占稻谷重量的百分比，即：

$$整精米率(\%) = \frac{去糠皮米整精米}{稻谷重} \times 100$$

稻米碾米品质主要由籽粒灌浆特性所决定，如果灌浆时间长，籽粒充实度好，达到谷粒饱满的程度，碾米品质就好。糙米率高低与品种特性有关，如颖壳厚度，颖壳薄糙米率高，颖壳厚则糙米率低；灌浆充足，籽粒饱满糙米率高。籽粒干物质积累量少，糙米率低；精米率除取决于干物质积累量以外，与糠层厚度有关，糠层越厚精米率越低。整精米率与稻谷籽粒成熟度关系最大，如果成熟度好，整精米率就高。当然，也与品种胚乳结构有决定关系。胚乳结构坚实，籽粒坚硬性强，耐磨性好，整精米率高。

2. 稻米的外观品质

稻米外观品质包括米粒大小与形状、透明度、光泽、垩白米率、垩白大小等 5 项指标。

稻米的透明度与光泽是指精米粒胚乳的透明程度和有无光泽；垩白米率是指有垩白米粒占总米样本的百分比，即：

$$垩白米率(\%) = \frac{垩白米粒}{总米样本} \times 100$$

垩白米是指米粒胚乳中由于组织疏松而形成的白色不透明部分，包括心白、腹白和背白；垩白大小是指垩白米中垩白占投影面积的百分比，又叫垩白度，即：

$$垩白度(\%) = \frac{垩白面积}{样本整精米面积} \times 100$$

垩白大小又叫垩白面积。

有垩白的米粒质地疏松，其硬度低，进行碾磨时容易产生碎米，蒸煮时易发生米裂，在稻米外观品质指标中不仅影响碾米品质，而且直接影响蒸煮品质。

米粒大小与形状，粒长是指精米粒长度，粒形是指精米粒长度与宽度之比值。即：

$$粒形 = \frac{精米粒长}{精米粒宽}$$

在稻米外观品质中，垩白面积的大小与垩白米率的高低是两项最重要的指标。完全成熟的稻米和未完全成熟或未成熟的稻米其乳白米、基白米与心白、腹白、背白是不同的，产生的原因及特征也

是不相同的。

透明度与光泽不仅影响外观品质，而且也是检验和考察稻米蒸煮食味和营养品质的参照指标。垩白极少或无垩白，质地硬，其透明度与光泽都好。透明度与其他因素如黄粒米等有关。米粒长度及粒形主要由品种的遗传特性决定，通过环境条件的改变，使籽粒干物质积累量改变，也会影响粒长。

3. 稻米的蒸煮食味品质

在稻米品质中，蒸煮食味品质是最复杂的米质性状，其理化过程与基础至今仍有许多不详之处。稻米在蒸煮过程中使淀粉粒逐渐糊化，当加入凉水突然降低温度时，使淀粉结构受到破坏，糊化了的淀粉变得像生淀粉一样，失去黏性而发硬，表面发白，吃起来很粗糙，这种现象即为老化。

稻米中的直链淀粉、支链淀粉对稻米的糊化和老化影响很大。直链淀粉在开水中比支链淀粉易于溶解，但高含量直链淀粉其淀粉在水中的溶解是由直链淀粉与支链淀粉共同决定的。直链淀粉较支链淀粉更早老化，而老化变硬了的米饭再热也不如原来的饭好吃，其原因就在于此。

还有人研究表明，食味品质不仅与直链淀粉有关，而且与其分子量及支链淀粉的类型有关，直链淀粉分子量大，胀性好，因此直链淀粉足以决定食味品质。还有人研究表明，籽粒成熟过程中，前期的光合产物大多用于胚乳内部淀粉的合成，其中用于直链淀粉和支链淀粉的比例相近。而后期光合产物主要用于外部淀粉的合成，合成直链淀粉的量大于支链淀粉的量。

成熟的稻米，淀粉占糙米干物质的 84%，其中一部分是直链淀粉，约含 200～1 000 个葡萄糖基，具有热水溶性，由 α-1，4 糖苷键组成。尽管直链淀粉是影响食味品质的重要因子，但并不是唯一因子。在不同品种中热溶性直链淀粉的差异与胶稠度有关。胶稠度的软硬反映了淀粉糊化和冷却后的回生趋势。胶稠度硬，米饭也硬，黏性小。一般胶稠度在直链淀粉低于 24% 时为软性。当其直链淀粉高于 25％时表现为硬、中、软三种情形。

应该指出，有人研究胶稠度主要由支链淀粉的特性所决定，也受精米碾磨程度、淀粉粒的破坏程度、米粒大小、蛋白质含量、脂肪含量等因素的影响；米饭的香味，据国际水稻研究所、日本等研究结果表明，与 2-乙酰-1-二氢吡咯、油酸、亚油酸、氨基酸组成等化学成分有关。

4. 稻米的营养品质

稻米的营养品质主要包括稻米蛋白质含量和氨基酸组成。

水稻蛋白质氨基酸同其他谷物相比具有良好的平衡性。稻米赖氨酸含量较高，水稻包括 8 种必需氨基酸在内含有 20 种氨基酸，其中一部分为自由氨基酸，占稻米蛋白质含量 0.7％，另一部分为蛋白质中的结合态氨基酸。据研究表明，稻米蛋白质含量在 12％以下时，则其必需氨基酸如赖氨酸和色氨酸等随蛋白质含量升高而增加；超过 12％时则相对降低。

稻米的发育形成过程由胚乳的物理结构和化学成分共同决定。胚乳的物理结构包括胚乳细胞的排列方式、淀粉粒结构；我国台湾刘慧英（1988）的研究表明，稻米的化学成分中，直链淀粉、蛋白质、硫、磷与食味呈极显著的负相关，米粒厚度及水溶性糖、游离糖等则与食味呈极显著的正相关，相关系数的大小依次为：直链淀粉、硫、蛋白质、米粒厚度、磷、水溶性糖、游离糖、粒宽、灰分、水分与粗淀粉。

稻米在其籽粒成熟过程中，非蛋白氮在每粒谷中的数量保持稳定，是花后 4 天籽粒中总氮的主要部分，占 15％，在成熟的糙米中降低到小于总氮的 2％；蛋白氮在籽粒发育形成期间其浓度并不发生变化，而每个籽粒的数量增加 5 倍。白蛋白、球蛋白在进入成熟的两周内每粒中数量增加，在 2～3 周达到最适水平，趋于成熟时则逐渐减少。在发育期间醇溶蛋白平均每粒增加 36 倍，主要的蛋白变化是 4～21 天的谷蛋白快速增加。在成熟前，谷蛋白和醇溶蛋白合成结束前，蛋白质的积累由外向内进行，蛋白质的含量亦是

外层高于内层。这与淀粉的积累与含量分布相反，其合成与积累滞后于淀粉的合成。

综上所述，稻米营养品质的形成是以稻米内部生理生化为基础的。在籽粒发育成熟过程中，经历复杂而有序的生理生化代谢过程，从而引起籽粒的化学成分和物理结构有规律的变化，最终形成了稻米品质。

（二）稻米品质与气候生态

1. 稻米外观品质性状的变异

据西北农业大学资源利用及农业区划研究室沈煜清、高如嵩、张嵩午（1992）研究，稻米外观品质包括粒形、粒长、透明度、垩白米率和垩白面积等 5 个品质性状，经过各点试验，并做变异分析，结果见表 4-1。

表 4-1　稻米外观品质性状的变异系数

项目 变异	粒形	粒长	透明度	垩白米率	垩白面积
变异系数（%）	5	3.6	28.6	41.2	75.4

由表 4-1 可见，粒形与粒长的变异系数分别为 5% 及 3.6%，这两个外观性状受气候条件影响较小，表现较为稳定。而透明度、垩白米率、垩白面积分别为 28.6%、41.2%、75.4%，这三个外观品质性状变异系数差异较大，说明其受外界气候条件影响较大，其相互关系也比较密切，分析结果表明，垩白米率和垩白面积的平均相关系数为 0.711 3，垩白面积与透明度的相关系数 0.705 0，垩白米率与透明度的平均相关系数为 0.646 8，三个相关系数经检验都达到了极显著相关水平。也就是说其中任一性状的变化在很大程度上都影响另两个性状的变化。据此，他们选取了变异系数高达 75.4% 的垩白面积分析稻米外观品质与气象条件的关系。

2. 稻米外观品质与结实期气象条件的关系

一是稻米垩白大小受日平均温度变化的影响很大，特别在不同稻米籽粒发育时期即抽穗后 15 天内。二是日平均最高气温和日平均最低气温对稻米垩白大小主要发育时期的影响也很大。据幼穗分化后的减数分裂期至齐穗前的气象要素值达到极显著和显著正相关水平。不论品种或地区是否相同，日平均最高气温和最低气温其气象要素值与品种垩白的大小均为负相关。三是从其他气象因子进行稻米外观品质相关性变异分析。从平均日照时数看，对稻米垩白大小的影响，在齐穗后 15～20 天平均光照时数值与稻米垩白大小的相关系数，对所有品种来说，均达到了极显著和显著正相关水平。从日平均太阳总辐射对稻米垩白大小的影响，不论什么品种均达到了极显著和显著的正相关水平。日平均相对湿度及日平均降水量对稻米垩白大小的影响则达到显著或极显著负相关水平。

3. 稻米蒸煮食味品质与结实期气象条件的关系

（1）稻米蒸煮品质与结实期气象条件的关系

一是直链淀粉与结实期的温度关系。稻米蒸煮品质与稻米籽粒形成过程中气象因子的影响关系非常密切，尤其是的温度影响。稻米蒸煮品质受稻米直链淀粉含量影响最大，而直链淀粉含量受结实期温度的影响。如北方粳稻属于低直链淀粉型，一般适宜含量 14%～18%，而籼稻为 17%～22%。通过 30℃高温处理同 20℃低温处理相比，高直链型其含量增加，而低直链型则降低。人们对不同直链淀粉含量的要求是：高直链淀粉含量的籼型水稻品种需要降低些，低直链淀粉含量的粳型水稻品种需要适当增加其含量。所以，在结实期对两种类型的水稻品种，都可以在较低温度条件下实现稻米优质化。

二是稻米糊化温度与结实期气象因子的关系。糊化温度用碱解值表示，通过有关气象资料与其相关系数分析表明，碱解值与平均温度、日平均最高气温、日平均最低气温和日平均辐射量呈极显著

负相关，与相对温差呈极显著正相关。从环境与糊化温度的关系可以表述为：温度－结实期天数－淀粉粒结－糊化温度关系链。

三是稻米胶稠度变异的气候生态。影响稻米胶稠度的主要气候生态要素，包括结实期平均温度、平均日温差、平均日太阳总辐射量、平均相对湿度、总降水量及平均日照时数等六个方面。研究结果表明，结实期平均温度是影响稻米胶稠度最重要的气候生态要素。

（2）稻米食味品质与结实期气象条件的关系

在稻米品质诸多性状之中，食味品质占居重要位置，人们在评定优质米各项性状，如外观品质、碾米品质、蒸煮品质、营养品质及卫生品质时，都有统一指标和标准以及测定方法等具体规定，而食味品质在评定中虽然占30％的分数比例，但到目前为止，对稻米食味品质的评定仍然是一大难题，如食味鉴定的方式、方法、人们的口味嗜好（嗅、味觉）等均有较大差别。因此，至今尚未制定出一个可操作的具有定量的科学鉴定方法与标准。只能依靠大多数人较一致的嗅觉、味觉或口感、触觉或咀嚼等各项感官指标加以评判。一般都认同的是用优质水稻品种稻米做饭，黏性好、饭味纯正或有香味、有光泽、适口性好等，对稻米食味品质进行综合评定。

稻米食味品质与气候生态要素之间怎样相互影响，很少有报道。由于稻米食味品质与外观、碾米、蒸煮、营养与卫生等5项指标有着密切联系，不同地域生态气候条件对同一个品种的稻米品质优劣产生明显的差异。以北方粳稻秋光品种为例，在我国西北的宁夏银川平原地区种植，其垩白率为5％，垩白面积为8％，被国家农业部评为优质大米品种，而该品种在北京种植时，其垩白率达14％，垩白面积达50％，食味明显变劣，品质明显下降。再如，由辽宁省农业科学院水稻研究所育成的杂交粳稻秀优57在宁夏种植，在全国优质米评比中，其外观品质、食味品质均达到了部颁一级标准，被评为优质大米杂交粳稻新组合，而该组合在辽宁种植只能达到中上等大米水平。

在实践中，稻米食味品质与灌浆期平均温度影响很大，垩白率和垩白面积增高，因而直接影响稻米食味品质。

（3）稻米营养品质与气候生态

一是气象因子对稻米蛋白质含量的影响。衡量稻米营养品质最主要指标是蛋白质含量，而稻米蛋白质含量的高低除了与遗传性有直接关系外，与结实期温度的高低有一定关系。研究结果表明，稻米蛋白质含量在结实期对 30℃ 以上的高温和 14～19℃ 的日平均低温均表现敏感。也就是说，稻米蛋白质含量在结实期遇到上述高温或低温均显著增加，而在 19～26.5℃ 的日平均温度条件下其蛋白质含量受品种自身遗传性所支配，受温度影响较小，也比较稳定。由此可见，适宜温度条件既有利于高产，又有利于优质。

不过，在结实期诸多气象因素对稻米蛋白质含量影响程度是不同的。主要有日平均温度、日平均最高与最低温度、日平均温差、日平均太阳总辐射量、日平均相对湿度、日平均降水量、日照时数、降水天数等 9 个气象因子，涉及温、光、水三因素。据日温与日最高、最低温度及温差之间的关系，相对湿度与降水量及降水天数之间关系，日辐射量与日照时数之间关系，进行综合分析，对蛋白质影响的程度大小为：平均温度＞日辐射量＞温差＞相对湿度。日温度与日辐射量与蛋白质的关系密切，其中，温度为主导因子。

二是气象因子对蛋白质组分的影响。稻米中蛋白质的量和质的变化对其营养品质有一定影响。在水稻灌浆期处于当地适宜温度条件下，有利于谷粒淀粉和蛋白质积累，而在温度过高或过低条件下，水稻处于不良环境影响，降低水稻糙米中碳水化合物的积累，导致稻谷千粒重下降，糙米率降低，谷粒变小，糠层加厚，垩白率和垩白面积增加，使蛋白质含量相对增加。灌浆过程受阻，结实率下降，产量锐减，蛋白质组分变劣，既不利于高产，又不利于营养品质提高。

这里应该指出的是，对稻米营养品质的评价既不能单看水稻单位产量的高低，又不能单纯看蛋白质含量的多少，而是应该看水稻单位面积蛋白质的产量，应以蛋白质产量作为优质水稻的重要指

标。蛋白质产量＝蛋白质含量×稻米产量，也就是说，既要糙米中蛋白质含量高，又要达到单位面积产量高，把优质与高产两者结合起来，才是育种家所要追求的理想目标。

（三）北方优质水稻气候生态分布

1. 优质水稻品质的气候指标

主要依据优质水稻生育期及稻谷成熟度对最佳产量与最优米质的关系加以确定。具体从优质水稻品质性状出发，使其形成最好的结实率和千粒重为基础，以达到获得高产优质这一目标。《中国稻作学》指出：日平均温度 20℃是影响水稻灌浆结实的界限温度。此温度指标也可作为优质水稻品种取得优质稻米的下限温度。

若以气候生态因子温度用平均气温（$\overline{T}_日$）、光照用平均日太阳辐射总量（$\overline{Q}_日$）、水分用平均相对湿度（$\overline{U}_日$）表示，优质水稻生态指标的界线确定为：$\overline{T}_日$ 21.0～23.5℃，$\overline{Q}_日 \geqslant 14.6$ 兆焦/米^2·日，$\overline{U}_日$ 75%～80%。

优质水稻气候生态指标的最佳组合，通常以 $\overline{T}_日$、$\overline{Q}_日$ 及 $\overline{U}_日$ 三个指标加以综合考虑，因为平均温度过高或过低对优质水稻产量与米质的形成均不利。由于高温条件下，水稻幼穗枝梗分化加速老化，根系活力减弱而早衰，灌浆持续时间缩短，籽粒不充实，米质疏松，垩白增大，碾米品质差，碎米增多；温度过低，水稻生育迟缓，灌浆速度过慢，根活力减退，吸收力弱，籽粒成熟不充分。

2. 优质水稻气候生态区划

依照中国水稻研究所《中国水稻种植区划》研究成果及有关单位研究结果，提出北方优质水稻区划范围为 35°N～56°36′N，75°3′E～135°E，由北向南，由东往西，包括黑、吉、辽、冀、蒙、京、津、鲁、豫、苏、皖、晋、陕、宁、甘、新等 16 个省、直辖市、自治区。

北方粳型优质水稻区划为：

Ⅰ东北平原半湿润—熟单季早粳优质水稻区

Ⅰ₁北部黑龙江松嫩三江平原优质水稻亚区

Ⅰ₂中部吉林松辽平原优质水稻亚区

Ⅰ₃南部辽宁辽河及东南沿海平原优质水稻亚区

Ⅱ华北平原半湿润一年两熟单季中粳、中籼优质水稻区

Ⅱ₁华北北部平原—熟单季中粳优质水稻亚区

Ⅱ₂华北中部平原、丘陵—熟单季中籼、中粳优质水稻亚区

Ⅱ₃华北南部平原一年两熟早、晚茬中籼,晚茬中粳优质水稻亚区

Ⅲ西北高原盆地干旱—熟单季早粳优质水稻区

Ⅲ₁新疆盆地—熟单季早粳优质水稻亚区

Ⅲ₂甘宁陕晋蒙高原—熟单季早粳优质水稻亚区

对东北、华北及西北三大优质稻区气候生态作以简要表述如下:

(1) 东北平原优质水稻区

东北平原是我国最大的平原区,其范围为北纬 $39°N \sim 56°36'N$。南部为辽宁省东南沿海,以鸭绿江、黄海与朝鲜接壤,向北由沿海平原、中部辽河平原与辽河三角洲三大平原构成东北南部平原优质稻区;中部为吉林省以松辽平原为主,由吉中、吉东与吉西三大平原构成东北中部平原优质稻区;北部至北纬48°的黑龙江省,由松嫩平原和黑龙江、乌苏里江(与俄罗斯毗邻)、松花江构成三江平原,成为世界三大肥沃黑土地区之一。

黑、吉、辽三省水稻面积已经发展到533多万公顷。其中,黑龙江达400万公顷,吉林与辽宁各66.7万公顷,是国家商品粮基地和北方优质水稻主产区。从气候状况看,全区大部分地区海拔在200米以下,北南距离超过800千米。东西宽约400千米。太阳总辐射量 $1\,923 \sim 2\,884$ 兆焦/米²。黑龙江境内$\geqslant 10℃$活动积温 $2\,100 \sim 2\,900℃$,生育期 $120 \sim 148$ 天,日照时数 $1\,100 \sim 1\,300$ 小时,降水量 $250 \sim 700$ 毫米;吉林境内$\geqslant 10℃$活动积温 $2\,000 \sim 31\,00℃$,生育期 $120 \sim 160$ 天,日照时数 $1\,210 \sim 1\,590$ 小时,生长

季降水量 350～700 毫米；辽宁境内≥10℃活动积温 2 900～3 500℃，生育期 150～180 天，日照时数 1 300～1 500 小时，年降水量 400～1 200 毫米。在品种种植上，由北向南不同熟期的品种有极早熟（生育期 120 天以下）、早熟（生育期 135 天以下）、中早熟（生育期 145 天以下）、中熟（生育期 155 天以下）、中晚熟（生育期 165 天以下）、晚熟（生育期 165 天以上）等 6 个类型。

（2）华北平原优质水稻区

华北平原是我国第二大平原，位于长城以南，秦岭、淮河以北，黄土高原以东，黄海和渤海以西，包括北京、天津、山东的全部，河北中、南部，陕西关中、山西南部，河南北、中部，安徽、江苏北部，以黄淮海平原为主体，大部分地区海拔 50 米以下，全生育期≥10℃活动积温 2 800～3 500℃，年降水量 400～700 毫米，太阳总辐射量 2 424～3 093 兆焦/米²，日照时数 980～1 400 小时。为暖温带半湿润大陆性季风气候，共有水田 106 万公顷。其中，华北北部平原中粳亚区，早茬水稻灌浆结实期平均温度 20.4～26.0℃，平均太阳总辐射量 15.90～17.34 兆焦/米²，平均相对湿度 73％～80％。

华北中部平原丘陵中籼中粳亚区，早茬水稻灌浆结实期平均温度为 23.1～26.3℃，平均日太阳总辐射量 15.15～19.98 兆焦/米²，平均相对湿度 70％～83％；晚茬水稻灌浆结实期的平均温度为 21.5～24.6℃，平均日太阳总辐射量 14.48～19.02 兆焦/米²，平均相对湿度 70％～81％。

华北南部平原早晚茬中籼晚茬中粳优质水稻亚区，全生育期≥10℃活动积温 3 300～3 500℃，降水量 500～700 毫米，太阳总辐射量 2 424～2 675 兆焦/米²，日照时数 980～1 200 小时。早茬水稻灌浆结实期平均温度 26.1～27.3℃，平均日太阳总辐射量 15.85～17.44 兆焦/米²，平均相对湿度 76％～85％；晚茬水稻灌浆结实期平均温度 24.6～25.9℃，平均日太阳总辐射量 15.06～16.17 兆焦/米²，平均相对湿度 75％～83％。由此看来，早茬稻温度高而温差偏小，不利于优质水稻灌浆结实与优质稻谷充分形成。

（3）西北高原盆地旱粳优质水稻区

西北地区位于我国北部和西北部，处于仅次于东北地区的高纬度，由西向东包括新疆、甘肃、宁夏、陕西、山西、内蒙古、河北北部及辽宁西北部。全区大部分海拔 1 000～2 000 米，共有水稻34.7 万公顷。东部属温带－暖温带半湿润－半干旱大陆性季风气候，西部属温带大陆性荒漠气候，是我国最干旱的地区，干燥少雨，蒸发量大，相对湿度小，而光照、热量资源丰富，温差大，日照充足。水稻全生育期≥10℃活动积温 2 000～3 500℃，年降水量25～500 毫米，太阳总辐射量 2 090～3 093 兆焦/米²，日照时数980～1 400 小时。

该地区东西跨度大，气候差异明显，结合当地水稻生产特点，现分两个亚区进行简述。一是新疆盆地旱粳优质水稻亚区。水稻一年一熟，共有水稻面积 8.67 万公顷，品种有极早熟、早熟、中熟、晚熟等不同熟期。气候生态条件：水稻结实期平均温度 20.6～26.0℃，平均日太阳总辐射量 18.75～21.81 兆焦/米²，相对湿度35%～57%。结实期平均温度有利于优质水稻种植。二是甘、宁、陕、晋、蒙高原旱粳优质水稻亚区。从河西走廊南部黄土高原和北部内蒙古高原，该区地势地形变化大，气候偏干偏冷；其中宁、陕、晋气候生态条件综合评价适于优质水稻种植。水稻生育期≥10℃活动积温 2 000～3 500℃，年降水量 200～500 毫米，太阳总辐射量 2 090～3 093 兆焦/米²，日照时数 980～1 400 小时。结实期日平均温度 20.0～23.7℃，平均日太阳总辐射量 16.97～20.45 兆焦/米²，相对湿度64%～81%。宁夏的引黄自流灌区，堪称西北高原优质水稻生产基地。全区水稻为一年一熟，以连作为主，共有水稻面积 26.7 万公顷，占西北地区水稻面积的 75.5%。

3. 北方优质水稻基地概况

（1）东北优质水稻基地

黑龙江松嫩三江平原包括松嫩平原庆安市、松花江平原五常市、三江平原合江地区，为北部寒地优质水稻基地；吉林松辽平原

包括长春市、吉林市和通化梅河口市优质水稻基地；辽宁辽河平原包括辽沈、盘锦、营口、大连庄河市、丹东东港市优质水稻基地。

（2）华北优质水稻基地

河北唐海、抚宁优质水稻基地；北京东郊区农场优质水稻基地；天津小站特优稻米水稻基地；山东济宁、鱼台、临沂优质水稻基地；河南沿黄灌区优质水稻基地；安徽沿淮优质水稻基地；江苏徐淮优质水稻基地。

（3）西北优质水稻基地

宁夏引黄灌区优质水稻基地；陕西北部特优水稻基地；新疆北疆、南疆优质水稻基地。

综上所述，北方优质水稻区，从东西方向看，西部水稻米质气候条件较优的趋势是明显的。可以用米质气候指数表示这种变化。所谓"米质气候指数"，是指一个地区气候生态条件对稻米品质优化综合适宜程度的量化指标。该指数越大，对稻米品质优化越有利；否则相反。例如，对一个地区的气候生态条件的综合评价水平达Ⅰ～Ⅱ级，为十分有利于优质米的形成；米质气候生态条件很差，为Ⅲ～Ⅳ级。Ⅰ级为最优，Ⅳ级为最差。

以西北高原区为例，从西部陕南汉江河谷向东部至苏皖，米质气候指数越来越小，西段平均为 0.82，东段为 0.58，两段晚茬为 0.96，东段为 0.90。因为西部高东部低，西部水稻灌浆时气候温和，对米质优化适宜；从早茬和晚茬结实期气候条件相比，晚茬到结实期往后，逐渐温差变大，对米质优化形成过程明显有利。

以安徽与江苏两省的长江与淮河流域之间所形成的江淮平原，是稻米生产的重要集散地，多为双季稻区，其早、晚茬稻的米质气候生态条件，双、单晚茬稻米品质均优于早茬双、单茬稻米，其中以双季晚粳为最优。

东北纵贯南北辽、吉、黑三省的辽河平原、松辽平原及三江平原，为我国北方盛产优质水稻的重要基地，以出产品质上乘的东北大米著称海内外。

南部辽河平原优质水稻单产高、米质优，所产优质稻米常年销往京、沪以及香港特区，其中由辽宁省农业科学院水稻研究所选育的辽粳 294 特优品种为"辽星牌"东北珍珠米，经国家农业部和科学技术部分别通过审定为名优品种，还远销亚（日本、韩国）、欧、美（加拿大等国）。

中部松辽平原盛产的名、特、优稻米大量出口国内外，深受消费者青睐。

北部松嫩平原、松花江平原及松花江、黑龙江及乌苏里江构成的三江平原是北方最大的优质水稻产地，米质优，商品率高，广销国内外。

北方米质气候生态条件比较优越，除南部水资源紧缺外，水稻生育期特别是结实期温度适宜，温差较大。

五、优质水稻栽培技术

优质水稻栽培主要包括优质水稻新品种选用、优质水稻壮秧培育、优质水稻土壤耕作整地、优质水稻移栽、优质水稻合理经济施肥、优质水稻节水灌溉、优质水稻病虫害防治与杂草防除技术等。

（一）优质水稻新品种选用

优质水稻新品种选用，主要介绍优质米新品种标准、新品种类型与特点、新品种布局与引进、新品种保纯与更新复壮等方面的内容。

1. 优质水稻新品种选用标准

依据国家农业部颁布的优质稻米标准，对外观品质、蒸煮品质、食味品质、营养品质、加工品质及卫生品质等各项指标均在前面作了具体阐述。这些指标是在品种选用时必须作为首先选定的重要依据。也就是说，优质水稻栽培首要的核心措施是优质稻米的品种问题。如果品种是劣质米，则后来的一系列技术措施都不可能代替稻米的优质。只有选用优质稻米品种，在此基础上采取相适宜的优质栽培技术措施，才能实现优质水稻栽培所要达到的最终优质米目标。

2. 优质水稻新品种的类型与特点

优质米水稻品种只具备米质优还不够。还必须具备以下几点：

一是具有一定的稳产高产性。如产量构成因素，即穗、粒、重三者之间矛盾的协调与统一性；生育期的安全性；优质米形成与最佳灌浆期的适宜性。

二是对当地生态环境条件的适应性。主要是感温性、感光性及基本营养生长性的适应能力。水稻是喜温、短光照植物，所以在引进品种时，北种南引生育期缩短。相反，南种北引生育期则延长。每个品种对一生中所需积温量都有相对的数量要求，在生育期内，必须满足全生育期≥10℃以上的活动积温量，即达到本品种所要求的积温量。依照品种对积温量的要求，划分为早熟、中早熟、中熟、中晚熟、晚熟五个不同熟型的品种。从积温量的大小对各熟型品种排序：晚熟＞中晚熟＞中熟＞中早熟＞早熟，其积温量分别为3 300～3 500℃、2 800～3 250℃、2 650～2 800℃、2 250～2 650℃、2 000～2 250℃。生育天数分别为165～175天、155～165天、145～155天、135～145天、125～135天。

三是品种自身的综合优势性状。一是理想株型，株高适宜，中秆偏矮，一般95～100厘米，茎秆粗壮，直立紧凑，叶片厚实而挺立，叶面积指数大，光合效率高；根系发达，根量多，根数多，根粗壮；二是生物学特性，分蘖力强，生长旺盛，发棵力强，耐肥力较强，生长整齐；三是抗逆性强，选择优质米籼稻与优质米粳稻两种类型为亲本，进行亚种间远缘杂交所育成的新品种，具有更强的优质遗传优势：籼型耐旱性强，粳型耐寒性强，而且米质优，抗倒伏，抗病力强，不早衰，耐低温冷害，耐旱性强。但是，其品种性状的稳定性不及纯粳性品种。所以，必须适时进行提纯复壮。

3. 优质水稻新品种的合理布局与引进

(1) 优质水稻新品种的合理布局

从一个生态区的范围考虑，要坚持因地适种，在优质稻品种的定向方面，既不能过多又不能过于单一。特别是一个生产经营单位，如果品种过多，一方面不利于栽培管理，容易造成不同品种之

间的机械混杂，直接影响稻米的纯度达到整齐一致；另一方面对脱谷、加工、包装带来诸多不便。

品种过分单一，不利于抵御自然灾害的发生及其缓解和应变，也不利于市场需求的调节。主栽品种应以充分利用本地光热资源为前提，以有利于本品种增产潜力的发挥。

对一个地区品种布局的合理性，应建立在掌握全局综合因素的稳定性和信息准确性程度的基础上。因为优质稻米的生产是建立在市场竞争意识很强的氛围之中，既要有充分的预测和超前性，又不能带有更多的盲目性。经过全面分析之后，合理确定本地优质稻米优良主栽品种。生产经营规模不大的，可选用 1～2 个主栽品种，适当搭配 1～2 个辅助品种。主栽与辅助品种不宜超过 2～3 个。

（2）优质水稻新品种的引进

一是日照长短对水稻品种分布的影响。北种南引，品种的生育期随日照时数缩短而其生育期将缩短；反之，南种北引，则品种生育期随纬度升高日照时数加长，其生育期相应延长。所以，对于品种的引进一定要经过小面积试种后方可逐步扩大种植面积。因为北种南引由于水稻品种生育期缩短，其生物产量低，植株变矮，发生早穗，致使减产；而南种北引由于生育期延长而发生贪青晚熟，影响产量和米质。

二是温度对水稻品种生育的影响。在通常情况下，籼粳杂交育成的品种多喜偏高温，即在高温条件下生长发育进程加快，生育时间缩短；相反，在低温条件下生育期延缓。所以，引进品种要考虑一个地区无霜期的长短及其临界期，以确保在安全期内正常成熟。

引进早、中、晚熟品种，一定要以感光性与感温性为依据。由于品种不同，对感温性和感光性敏感程度亦不相同。有的感光性强，有的感温性强，引种一定要了解该品种感温性的强弱。只有掌握了品种对光温反应的特性，才能取得引进成功。

三是不同海拔高度对引种的影响。在同一个地区，由于海拔高度不同，其气温变化差异很大，所以品种生育期也发生一定的变化，一般海拔每升高 100 米，日平均温度约降低 0.6℃，所以同一品种由低海拔向高海拔引种则其生育期延长，不同类型品种其延长日数也有所不同，一般感温性强的品种其延长的日数多些，而且株高、穗大小、穗粒数、千粒重都会发生变化。感温性敏感程度差的品种变化较小。所以，由低海拔向高海拔引种应选择生育期短的早熟品种。

四是季节性影响。京、津、冀、豫、苏、皖等复种稻区，如麦稻、油稻、菜稻复种，采用品种应注意其生育期发生的变化。特别是关系到春播复插、夏收夏种或夏插对品种的选择均应严格经过本地试验，掌握适于当地生育期达到安全期要求，才可以进行引进种植。

4. 北方稻区优质水稻新品种

（1）黑龙江省优质水稻新品种

龙粳 8 号：黑龙江省农业科学院水稻研究所采用常规有性杂交和花药离体培养方法育成。生育期 125～130 天，≥10℃以上积温 2 200～2 300℃，米质特优，各项指标均达到部颁优质米标准，1995 年被评为国际优质粳米。糙米率 83.7%，精米率 75.4%，整精米率 72%，粒长宽比 1.7，垩白率 3.0%，垩白度 2.9%，透明度 1 级，胶稠度 63 毫米，直链淀粉含量 15.0%，糊化温度 7 级，蛋白质含量 8.44%。食味佳，达部颁优质米一级。抗稻瘟病。

五优稻 1 号：黑龙江省五常市龙凤山乡农业技术推广站系统选育。株高 97 厘米，苗期耐冷性强，分蘖力强而集中，长势旺，每穗 120 粒，千粒重 25 克，抗稻瘟病，较耐肥，茎秆抗倒伏性强。生育期 143 天，≥10℃积温 2 750℃，适于自然水栽培。糙米率 81.5%，精米率 73.4%，整精米率 66.4%，粒长 5.6 毫米，粒宽 2.7 毫米，长宽比 2.1。垩白大小 13.5%，垩白率 4.0%，垩白度 0.5，碱消值 7.0，胶稠度 65.3 毫米，直链淀粉含量 17.0%，蛋白质含量 7.16%，食味香美，达部颁优质米一级标准。

垦稻 12：黑龙江省农垦科学院水稻研究所选育。株高 96.2 厘米，穗长 18.6 厘米，每穗粒数 84.5 粒，千粒重 26.9 克，生育期

133 天；糙米率 81.9%～82.9%，整精米率 69.2%～73.8%，垩白米率 0～8.0%，直链淀粉 18.1%～19.7%，胶稠度 72～79.2 毫米，粗蛋白质 6.3%～8.7%，食味评分 80～86；接种鉴定：苗瘟 5 级、叶瘟 1 级、穗颈瘟 5 级；自然感病：苗瘟 1 级、叶瘟 3 级，穗颈瘟 3 级。

空育 131：黑龙江省农垦科学院水稻研究所从吉林农业科学院引进并选育而成。株高 80 厘米，穗长 14 厘米，每穗 80 粒，千粒重 26.5 克，千粒重 26.2 克；糙米率 83.1%，精米率 74.8%，整精米率 73.3%，米粒透明，无垩白，碱消值 6.1 级，胶稠度 50.2 毫米，直链淀粉 17.2%，蛋白质含量 7.41%。适宜在黑龙江种植，注意防治稻瘟病。

垦鉴稻 6 号：黑龙江省农垦科学院选育。株高 75 厘米，穗长 15.6 厘米，每穗粒数 85.5 粒，千粒重 26.7 克，生育期 130～132 天，需活动积温 2 380～2 400℃；抗倒伏，活秆成熟适宜机械化收割，抗稻瘟病性中等，耐冷性较强，外观米质优良，食味好，每公顷产量 8 000 千克左右。

龙粳 20：黑龙江省农业科学院选育。株高 90 厘米，穗长 17 厘米，每穗粒数 90 粒，千粒重 27 克，生育期 128 天，需≥10℃活动积温 2 320℃；糙米率 81.4%～82.9%，整精米率 67.9%～72.2%，垩白率 0～1.5%，垩白度 0～0.1%，直链淀粉含量（干基）15.19%～18.67%，胶稠度 73～85.5 毫米，食味品质 72～86 分；人工接种叶瘟 3～4 级，穗颈瘟 1～3 级；自然感病叶瘟 3～4 级，穗颈瘟 1～3 级。适宜第三积温带插秧栽培。

龙粳 21：黑龙江省农业科学院水稻研究所 1999 年育成。株高 90.5 厘米，穗长 16 厘米，穗粒数 90 粒左右，不实率低，千粒重 27.0 克，无芒，颖尖浅褐色；株型紧凑，剑叶较短且开张角度小，整齐一致，分蘖力较强，幼苗生长势强，抗稻瘟病轻，耐寒；主茎 12 片叶，生育期 126～132 天，需活动积温 2 300～2 350℃；糙米率 82.9%，整精米率 68.5%，垩白米率 2.0%，垩白度 0.2%，直链淀粉 18.2%，胶稠度 73.5～80.0 毫米，长宽比 1.8，清亮透明，口感好，主要品质指标达国家优质食用稻米二级标准。适宜第一、第二生态区搭配种植。

龙粳 31：黑龙江省农业科学院佳木斯水稻研究所、黑龙江省龙粳高科有限责任公司选育的粳稻品种。主茎 11 片叶，株高 92 厘米左右，穗长 15.7 厘米，每穗 86 粒，千粒重 26.3 克；在适应区出苗至成熟生育日数 130 天左右，需≥10℃活动积温 2 350℃；出糙率 81.1%～81.2%，整精米率 71.6%～71.8%，垩白粒米率 0.0～2.0%，垩白度 0.0～0.1%，直链淀粉含量（干基）16.89%～17.43%，胶稠度 70.5～71.0 毫米，食味品质 79～82 分。抗病鉴定结果：叶瘟 3～5 级，穗颈瘟 1～5 级。耐寒性鉴定结果为处理空壳率 11.39%～14.1%。适宜黑龙江省第三积温带（上限）种植。

垦稻 19：黑龙江省农垦科学院水稻研究所 1997 年选育而成。株高 90 厘米，穗长 18 厘米，穗粒数 86 粒，千粒重 26.5 克；生育日数 124 天左右，主茎 10 片叶，需活动积温 2 240℃；出糙率 80.6%～82.8%，整精米率 66.1%～71.4%，垩白率 0～7.5%，垩白度 0～1.2%，直链淀粉含量（干基）17.5%～18.7%，胶稠度 76.3～78.5 毫米，食味品质 78～84 分；抗稻瘟病性较强，对延迟性和不育性冷害耐性较强。一般产量水平 8 700～9 700 千克/公顷，适应黑龙江省第四积温带旱育稀植栽培。

东农 424：东北农业大学育成。早粳常规品种。2005 年通过黑龙江省农作物品种审定委员会审定。生育期 135 天，主茎 12 片叶，秆尖浅紫色或紫色。耐寒性鉴定，处理空壳率 24.1%。叶瘟 1 级，穗颈瘟 1～5 级。株高 86.9 厘米，穗长 16.8 厘米，平均每穗 89.3 粒，千粒重 24.6 克。糙米率 82.5%～83.8%，精米率 74.3%～76.6%，整精米率 69.9%～74.1%，垩白米率 1.0%～9.0%，垩白度 0.3%～1.0%，碱消值 7.0 级，胶稠度 71.3～82.5 毫米，直链淀粉 18.8%～20.0%，粗蛋白质 6.9%～9.3%，食味 78～89 分。适于黑龙江省第二积温区种植。

龙粳 14：黑龙江省农业科学院水稻研究所育成。2005 年通过

49

黑龙江省农作物品种审定委员会审定，是黑龙江省第一个超级稻新品种。生育期 125～130 天，主茎 11 片叶，株高 86.5 厘米，株型紧凑，剑叶开张角度小，叶里藏花，散穗，有稀芒。分蘖力强，耐寒性强，幼苗生长势强，活秆成熟，抗稻瘟病性强。穗长 18.8 厘米，每穗粒数 83 粒左右，千粒重 26.4 克，不实率低。糙米率 82.4%，精米率 74.1%，整精米率 69.6%，垩白大小 8.6%，垩白米率 6.0%，垩白度 0.4%，粒长 5.2 毫米，粒宽 2.9 毫米，长宽比 1.8，直链淀粉 18.6%，胶稠度 75.1 毫米，碱消值 7.0 级，粗蛋白质含量 7.4%，食味 81.3 分。适于黑龙江省第三积温带种植。

龙庆稻 1 号（哈 04 - 29）：黑龙江省农业科学院耕作栽培研究所与黑龙江省庆安县北方绿洲稻作研究所联合选育。主茎 12 片叶，出苗至成熟生育日数 138 天，需活动积温 2 550℃ 左右。株高 100.7 厘米，穗长 18.2 厘米，穗部有芒，每穗粒数 117 粒，千粒重 25.1 克。分蘖能力强，抗倒伏，耐冷抗病，株型紧凑，米质优良，活秆成熟。出糙率 79.1%～81%，整精米率 63.3%～68.3%，垩白粒米率 0～1%，垩白度 0～0.1%，直链淀粉（干基）17.82%～18.7%，胶稠度 65.5～77.5 毫米，食味品质 87～88 分。

龙稻 5 号：黑龙江省农业科学院选育。生育期 132 天，所需活动积温 2 530℃ 左右。株高 94 厘米，株型紧凑，剑叶上举，穗长 15.7 厘米，棒穗型，每穗平均粒数 100 粒左右，最多可达 130 粒。分蘖能力强，米粒偏长。糙米率 82%，整精米率 68%，垩白度 0.5%，直链淀粉 17%，粗蛋白 7.9%，胶稠度 71 毫米，长宽比 1.7。适于黑龙江省第一第二积温带种植。

（2）吉林省优质水稻新品种

农大 7 号：生育期 145 天，需有效积温 3 000～3 100℃。株高 98～102 厘米，分蘖力中等，平均穗粒数 85～90 粒，结实率 90%。糙米率 83.4%，籽粒长宽比 1.8，垩白率 10%，透明度 2 级，碱消值 7 级，胶稠度 68 毫米，直链淀粉含量 17.2%，蛋白质含量 7.8%。

通88-7：生育期135天，需有效积温2 800℃。株高95～100厘米，分蘖力中等，平均穗粒数100～105粒，千粒重27克。中抗稻瘟病。糙米率82.5％，长宽比1.8，垩白率35％，透明度2级，碱消值7.0级，胶稠度74毫米，直链淀粉含量17.0％，蛋白质含量8.8％。

长选89-181：生育期136天，需有效积温2 800℃。株高95厘米左右，分蘖能力较强，平均穗粒数80～95粒，千粒重25克。中感稻瘟病。糙米率83.08％，长宽比1.6，垩白率18％，透明度0.68级，碱消值7.0级，胶稠度80毫米，直链淀粉含量20.2％，蛋白质含量8.1％。

吉粳64：吉林省农业科学院水稻研究所育成。株高100厘米，株型紧凑，叶直立，秧苗健壮，叶色浅绿，分蘖力强，耐盐碱，抗倒伏。生育期136天，每穗粒数95粒，千粒重28克，无芒，结实率80％以上，糙米率84.5％，精米率76.1％，整精米率76％，米白色，透明度1级，糊化温度7级，胶稠度84毫米，直链淀粉含量19.3％，蛋白质7.8％，米饭洁白，有光泽，食味佳。

超产1号：吉林省农业科学院水稻研究所育成。株高95～100厘米，叶淡绿，株型好，分蘖力强，茎秆韧性强。耐肥抗倒，抗稻瘟病和白叶枯病。颖尖黄色，有短芒，粒椭圆，主穗100～110粒，千粒重26克，生育期145天。糙米率83.2％，精米率73.6％，整精米率61.3％，垩白度0，透明度1级，糊化温度7级，胶稠度86毫米，直链淀粉含量17.7％，蛋白质含量6.76％，米质优。

吉粳69：吉林省农业科学院水稻研究所育成。株高100厘米，秆强抗倒，活秆成熟，分蘖力强，抗病，耐盐碱，耐旱，耐寒冷，生育期135天。主穗实粒130粒，千粒重25克。精米率75.8％，整精米率71.2％，透明度1级，籽粒长宽1.6，糊化温度7级，胶稠度63毫米，蛋白质含量9.0％，优质米二级。

超产2号：吉林省农业科学院水稻研究所育成。株高90～95厘米，分蘖中等，生育期138天，需有效积温2 800～3 000℃，对光温反应敏感，平均每穗90粒，千粒重27克，对稻瘟病表现感

病。糙米率 83.6%，籽粒长宽比 1.7，垩白率 4.4%，透明度 0.48 级，碱消值 7 级，胶稠度 91 毫米，直链淀粉含量 18.8%，蛋白质含量 7.6%。

吉粳 70（雪峰）：吉林省农业科学院水稻研究所育成。株高 100～105 厘米，分蘖力中等，生育期 142 天，需有效积温 2 900～3 000℃，平均每穗 110～120 粒，千粒重 26 克，对稻瘟病表现感病。糙米率 82.8%，垩白率 2.6%，透明度 2 级，籽粒长宽比 1.7，碱消值 7 级，胶稠度 79 毫米，直链淀粉 17.6%，蛋白质含量 8.8%。

吉粳 73（吉 96-16）：吉林省农业科学院水稻研究所育成。株高 95～100 厘米，分蘖力强，平均每穗 100～110 粒，千粒重 23 克，生育期 148 天，需有效积温 3 200℃ 以上，中抗稻瘟病。糙米率 80%，籽粒长宽比 2.1，垩白率 1.5%，透明度 2 级，碱消值 7 级，胶稠度 66 毫米，直链淀粉含量 18.9%，蛋白质含量 7.8%。

农大 3 号：吉林农业大学育成。株高 90～95 厘米，分蘖力较强，平均每穗 90 粒，千粒重 26 克。中抗稻瘟病。生育期 142 天，需有效积温 2 900～3 000℃。糙米率 82.7%，籽粒长宽比 1.8，垩白率 8%，透明度 0.71 级，碱消值 7.1 级，胶稠度 72 毫米，直链淀粉含量 18.5%，蛋白质含量 7.8%。

吉粳 88：吉林省农业科学院水稻所育成。株高 100～105 厘米，主穗长 18 厘米，主穗粒数 220 粒，平均粒数 120 粒，千粒重 22.5 克。中晚熟品种，生育期 143～145 天，需≥10℃积温 2 900～3 100℃。糙米率、精米率、整精米率、长宽比、垩白米率、垩白度、透明度、碱消值、胶稠度、直链淀粉含量、蛋白质含量 11 项指标达国家一级优质米标准。

通丰 9 号：吉林省通化市农业科学院育成，2005 年通过吉林省农作物品种审定委员会审定。生育期 138 天，株高 101.4 厘米，株型紧凑，叶片直立，茎叶绿色，分蘖力强，每穴有效穗数 30 穗左右。穗长 20 厘米，紧穗型，主蘖穗整齐，平均粒数 131.9 粒，成熟率 95%。籽粒椭圆形，颖尖黄色，无芒，茸毛中，千粒重

26.0 克。糙米率、精米率、整精米率、长宽比、透明度、碱消值、直链淀粉、蛋白质符合国标一级规定，垩白度、胶稠度符合国标二级规定。

吉粳 102：吉林省农业科学院水稻研究所育成的早粳常规稻，2005 年通过吉林省农作物品种审定委员会审定。生育期 135 天，株高 96 厘米，株型较紧凑，叶色深绿，分蘖力强。平均穗粒数 115 粒，散穗型，主蘖穗整齐，谷粒椭圆，颖壳黄色，有稀短芒，千粒重 26 克，米粒清白或略带垩白。人工接种鉴定，中抗苗瘟（MR）；异地田间自然诱发鉴定中抗叶瘟（MR）、中抗穗瘟（MR）。稻米品质达国家二级优质米标准。适宜在吉林省有效积温在 2 900℃以上中晚熟稻区种植。

吉粳 512：吉林省农业科学院水稻所选育。株高 110.1 厘米，株型紧凑，叶片上举，茎叶深绿，分蘖力中等，穗长 19.4 厘米，平均穗粒数 120.9 粒，结实率 88.6%，谷粒长椭圆，颖及颖尖黄色，无芒，千粒重 26.1 克。糙米率 83.1%，精米率 73.9%，整精米率 69.0%，粒长 4.9 毫米，长宽比 1.8，垩白率 10%，垩白度 0.9%，透明度 1 级，碱消值 6.0 级，胶稠度 89 毫米，直链淀粉含量 15.4%，蛋白质含量 6.63%。米质符合二等食用粳稻品种品质规定要求。生育期 140 天，需≥10℃积温 2 850℃。

吉农大 858：吉林农业大学选育。株高 103.9 厘米左右，株型紧凑，分蘖力较强，667 米^{2}有效穗数 20.6 万株。谷粒椭圆形，颖及颖尖黄色，无芒或稀短芒，千粒重 29.0 克。穗长 19.3 厘米，弯穗型，平均穗粒 103.3 粒，结实率 92.9%。糙米率 84.5%，精米率 76.3%，整精米率 70.4%，粒长 5.2 毫米，长宽比 1.8，垩白率 10%，垩白度 1.1%，透明度 1 级，碱消值 7.0 级，胶稠度 72 毫米，直链淀粉含量 17.6%，蛋白质含量 8.2%。米质符合二等食用粳稻品种品质规定要求。生育期 141 天，属中晚熟品种，需≥10℃积温 2 850℃。适于吉林省长春、松原、四平、通化等中晚熟稻区种植。

通禾 835：吉林省通化市农业科学院选育的中晚熟品种。全生

育期 139 天，需≥10℃积温 2 800℃。平均株高 98.1 厘米，株型紧凑，分蘖力强，平均每穴穗数 22.8 穗，穗长 17.7 厘米左右，中散穗型，主蘖穗整齐，平均穗粒数 112.2 粒，着粒密度中等，结实率 92.1％以上。谷粒细长形，籽粒黄色，饱满，千粒重 22.6 克。糙米率 83.9％，精米率 75.1％，整精米率 70.5％，粒长 5.5 毫米，长宽比 2.3，垩白粒率 8％，垩白度 2.1％，透明度 1 级，碱消值 7.0 级，胶稠度 64 毫米，直链淀粉含量 16.1％，蛋白质含量 7.7％。米质符合二等食用粳稻品种品质标准。

吉农大 838：吉林农业大学选育。中晚熟品种，生育期约 141 天，需≥10℃积温 2 850℃。平均株高 101.6 厘米，株型紧凑，分蘖力强，平均穴穗数 23.6 穗。中紧穗型，平均穗长 19.6 厘米，主蘖穗整齐，平均穗粒数 115 粒，着粒密度适中，结实率 91.6％。籽粒椭圆形，颖及颖尖均黄色，千粒重 26.5 克。糙米率 84.1％，精米率 76.2％，整精米率 69.1％，粒长 5.0 毫米，长宽比 1.7，垩白米率 10％，垩白度 1.7％，透明度 1 级，碱消值 7.0 级，胶稠度 76 毫米，直链淀粉含量 17.2％，蛋白质含量 8.0％。米质符合二等食用粳稻品种品质规定要求。

（3）辽宁省优质水稻新品种

辽粳 294：辽宁省农业科学院水稻研究所育成。株高 105 厘米，株型紧凑，叶直立，分蘖力极强，抗倒伏，中抗稻瘟病，穗半松散，每穗 85 粒，千粒重 24.5 克。生育期 160 天，是高产与优质兼备的理想品种。整精米率 73.5％，垩白度 0.1％，直链淀粉含量 17.99％，透明度 1 级，蛋白质含量 8.79％，食味适口性好。各项米质指标均达到部颁一级优质米标准。

辽盐 9 号：北方农业技术开发总公司选育。株高 85～90 厘米，茎秆粗壮而坚韧，株型紧凑，分蘖期叶片半直立，拔节后叶片上举，成熟后叶里藏花，生育期 157 天。分蘖力强，成穗率高，有效穗率 70％。长散穗型，穗长 21～24 厘米，每穗实粒 100 粒，籽粒长椭圆形，颖壳黄色，无芒，结实率 95％，千粒重 26 克。中抗稻瘟病、稻曲病、纹枯病。糙米率 84.1％，精米率 74.9％，整精米率 73.7％，垩白率 3.5％，糊化温度 7 级，胶稠度 100 毫米，直链淀粉 17.7％，透明度 1 级，米粒长宽比 1.98，蛋白质含量 12.45％，米质主要指标均达到部颁优质米一级标准。

盐粳 1 号：辽宁省盐碱地利用研究所育成。幼苗健壮，叶色淡绿，株高 100 厘米，叶片直立，株型紧凑。主茎 15 片叶，分蘖力强，耐盐碱，耐低温，耐干旱，抗白叶枯病，中抗稻瘟病，对纹枯病、稻曲病抗性较弱。抗倒伏，不早衰。生育期 150 天，穗长 17 厘米，平均每穗 85 粒，结实率 90％，千粒重 26 克。米青白，透明度较高，米质优，食味好，各项指标均达到国家部颁优质米一级标准。

辽盐糯：辽宁省盐碱地利用研究所育成。秧苗粗壮，根系发达，株高 90 厘米，株型紧凑，叶片上举、短、宽、厚，叶色较深。穗长 15～16 厘米，棒状紧穗，每穗实粒 100～110 粒，谷粒黄色、无芒，颖尖红褐色，千粒重 22.5 克。米乳白色。生育期 158 天，分蘖力强，光能利用率高，成穗率高，结实率 90％左右，谷草比 1.43。耐肥，抗倒，耐旱，耐寒，耐盐碱，中抗稻瘟病，活秆成熟，不早衰。糙米率 82.2％，精米率 74.3％，整精米率 70.4％，糊化温度 7 级，胶稠度 90 毫米，直链淀粉含量 0.8％，蛋白质含量 8.42％，米质优，外观品质好，适口性佳。

营 8433：辽宁省大石桥市农业技术推广中心育成。幼苗粗壮，根系发达，叶片宽，长势强，株高 90 厘米，叶片直立，茎秆粗壮，富有弹性，株型紧凑。穗长 16 厘米，平均每穗 100 粒左右，颖及颖尖黄白色，中芒，千粒重 24 克。米白色有光泽。生育期 154 天，苗期耐寒，分蘖力中上等，耐肥，抗倒，耐盐碱，抗稻瘟病，中感稻曲病，活秆成熟。结实率 95％，糙米率 82.5％，精米率 76％，整精米率 68％，粒长 5.6 毫米，长宽比 1.51，直链淀粉含量 17.6％，蛋白质含量 6.42％，垩白极少，米质优良。

铁粳 5 号：辽宁省铁岭市农业科学研究所育成。幼苗长势强，叶宽，色淡绿，根系发达，株高 92 厘米，弧形散穗，穗长 22 厘米，每穗 90 粒，颖壳黄色，极稀短芒，千粒重 26 克，米白色。生

育期 147 天，≥10℃以上积温 3 100℃，分蘖力中等，耐寒，耐旱，耐盐碱，抗稻瘟病和恶苗病，结实率 75.7%，糙米率 83%，米质优。

盐粳 48：辽宁省盐碱地利用研究所选育。秧苗健壮，根系发达，移栽后返青快，分蘖力强，株型紧凑，株高 105 厘米，散穗型，每穗 80 粒，结实率 90% 以上，千粒重 26.5 克，有稀短芒。生育期 160 天，耐寒，高抗盐碱，抗病性强。注意施肥不宜过量，防止倒伏。糙米率 84.0%，精米率 77.6%，整精米率 76.0%，垩白率 4.0%，垩白度 1.0%，透明度一级，糊化温度 7.0 级，胶稠度 78 毫米，直链淀粉含量 17.2%，蛋白质含量 7.3%，粒长 5.2 毫米，长宽比 1.70。米质优，口感好，食味佳。

辽优 7 号：辽宁省农业科学院水稻研究所选育。株高 100～105 厘米，株型紧凑，茎秆略纤细，韧性好。叶片宽厚浓绿，根系发达，分蘖力强。生育期 160 天，抗病、抗倒性较强。穗半松散，每穗成粒 90 粒，千粒重 23.8 克，极稀短芒。糙米率 83.6%，精米率 76.8%，整精米率 75.6%，粒长 4.9 毫米，长宽比 1.8，垩白率 3%，垩白度 0.3%，透明度 1 级，碱消值 7 级，胶稠度 72 毫米，直链淀粉含量 16.3%，为部颁优质米。

屉优 418：辽宁省农业科学院水稻研究所配制的优质杂交粳稻组合。生育期 170 天左右，株高 115 厘米，散穗型，每穗平均成粒 125 粒，千粒重 28.5 克，活秆成熟，高抗稻瘟病。糙米率 82.4%，精米率 76.2%，整精米率 72.7%，垩白度 10.4%，透明度 2 级，碱消值 7 级，胶稠度 66 毫米，直链淀粉含量 16.6%，蛋白质含量 9.4%，适口性好，达部颁优质米二级标准。适于辽宁中部、南部、西部及京、津、冀、鲁、豫等地区种植。

辽粳 371：辽宁省水稻研究所育成。株高 105～110 厘米，穗长 20～22 厘米，每穗成粒 90～110 粒，散穗型，千粒重 25.3 克，颖壳黄白，无芒。在沈阳地区生育期 156～158 天左右，属中晚熟品种。抗病抗倒能力较强，后期活秆成熟不早衰。整精米率 69.6%，垩白米率 3.3%，垩白度 0.2%，胶稠度 88 毫米，直链淀粉含量 16.7%。米质特优，十二项指标均达部颁一级米标准。

辽粳 9 号：辽宁省水稻研究所 1995 年选育。株高 100～110 厘米，穗长 16～17 厘米，穗粒数 100～110 粒，千粒重 25.6 克。生育期 160 天左右，属中晚熟品种。糙米率 82.3%，整精米率 68.9%，垩白粒率 9.5%，垩白度 1.4%，胶稠度 82 毫米，直链淀粉含量 16.4%。适宜在沈阳以南中晚熟稻区种植。

辽星 1 号：辽宁省水稻研究所选育。株高 100～105 厘米，穗长 18～20 厘米，平均每穗 140 粒左右，结实率 89.0%，千粒重 24.5 克。沈阳地区生育期 156～158 天。糙米率 82.0%，精米率 74.3%，整精米率 65.6%，粒长 5.0 毫米，长宽比 1.9，垩白率 2%，垩白度 0.7%，透明度 1 级，碱消值 7.0 级，胶稠度 82 毫米，直链淀粉 17.3%，蛋白质 8.5%，米质检验结果达国家优质米二级标准。

辽粳 101：辽宁省水稻研究所 2000 年选育。主茎 17 片叶，半紧穗型，平均株高 103.7 厘米，穗长 18～20 厘米，穗粒数 110～130 粒，千粒重 24.8 克。生育期 160 天左右，属中晚熟品种。糙米率 82.2%，精米率 73.5%，整精米率 71.4%，粒长 4.8 毫米，籽粒长宽比 1.7，垩白粒率 16%，垩白度 1.3%，透明度 1 级，碱消值 7 级，胶稠度 64 毫米，含直链淀粉 18.1%、蛋白质含量 8.8%。

盐粳 456：辽宁省盐碱地利用研究所 2001 年选育。主茎 16 片叶，平均株高 104.9 厘米，平均穗长 18 厘米，平均穗粒数 124.3 粒，千粒重 25.7 克。生育期 163 天左右，属中晚熟品种。糙米率 83.8%，精米率 74.5%，整精米率 70.6%，粒长 4.6 毫米，籽粒长宽比 1.6，垩白粒率 19%，垩白度 2.9%，透明度 1 级，碱消值 7 级，胶稠度 78 毫米，含直链淀粉 15.4%，蛋白质 9%。中抗穗颈瘟病，适宜在沈阳以南中晚熟稻区种植。

辽星 19：辽宁省水稻研究所 1998 年选育。主茎 17 片叶，株高 105～110 厘米，穗长 15～18 厘米，穗粒数 110～130 粒，千粒重 25.4 克。生育期 160 天左右，属中晚熟品种。糙米率 81.4%，

精米率 72.7％，整精米率 69.5％，粒长 5.1 毫米，籽粒长宽比 1.8，垩白粒率 20％，垩白度 2.9％，透明度 1 级，碱消值 7.0 级，胶稠度 83 毫米，直链淀粉 18.8％，蛋白质 7.7％。

盐粳 313：辽宁省盐碱地利用研究所育成。全生育期 160 天，属中晚熟品种。株高 105 厘米，分蘖力强，成穗率高，每穗 130 粒，千粒重 25.3 克，米质优良，蛋白质含量 6.2％，直链淀粉含量 19.1％，垩白粒率 3％，垩白度 1％，整精米率 94％，多项指标达部颁优质一级标准。

辽 433：辽宁省水稻研究所育成的高食味值水稻新品系。株型紧凑，穗直立型，有芒，分布在全穗各枝梗顶部，穗长 15～18 厘米，每穗 80～100 粒，千粒重 23.5 克。在东港地区生育期 175 天。糙米率 84.1％，精米率 76.3％，整精米率 73.4％，粒长 5.1 毫米，长宽比 1.9，垩白粒率 12％，垩白度 1.8％，透明度 1 级，碱消值 7.0 级，胶稠度 86 毫米，直链淀粉 17.4％，蛋白质 7.4％，米质检测结果达国家优质米二级标准。

辽星 17：辽宁省水稻研究所选育的粳型常规水稻。在东北、西北晚熟稻区种植全生育期平均 158.8 天。株高 99.3 厘米，穗长 15.7 厘米，每穗总粒数 128.5 粒，结实率 77.4％，千粒重 22.3 克。整精米率 69.4％，垩白米率 5％，垩白度 0.5％，胶稠度 80 毫米，直链淀粉含量 17.7％，达到国家优质稻谷标准 1 级。适于吉林晚熟稻区、辽宁北部、宁夏引黄灌区、北疆沿天山稻区和南疆、陕西榆林地区、河北北部、山西太原小店和晋源区种植。

5. 华北稻区优质水稻新品种

（1）河北省优质水稻新品种

冀粳 8 号：河北省农垦科学研究所选育。株高 100 厘米，株型紧凑，叶片宽厚上举，叶色淡绿，茎秆坚韧。每穗 90～95 粒，千粒重 24 克，籽粒饱满，无芒，颖壳黄色，紫色颖尖。生育期 165 天，冀中南作麦茬稻生育期 140 天，耐寒性强，分蘖力强，耐肥，抗倒，抗稻瘟病，耐盐碱，耐旱，活秆成熟，不早衰。糙米率83%，精米率71%，整精米率67%，无垩白，垩白度1.8%，糊化温度7级，胶稠度68毫米，爆腰率低，蛋白质含量7%，直链淀粉含量14.8%，赖氨酸含量0.13%，达国家优质米标准。

冀粳13号：河北省农垦科学研究所选育。株高105厘米，茎秆粗壮坚韧。剑叶开张适中，受光姿态好。穗长16厘米，每穗平均95粒，千粒重25克，米白色。生育期170天，分蘖力强。抗稻瘟病、白叶枯病，高抗稻曲病，抗倒伏性极强，耐旱性强。米质极优，糙米率84.2%，精米率76.0%，整精米73.1%，粒长4.7毫米，长宽比1.6，垩白度4.3%，透明度2级，糊化温度7级，胶稠度70毫米，直链淀粉含量15.6%，蛋白质含量8.3%，各项指标均达到部颁一级优质米标准。

花87-7：河北省唐海县农业科学研究所育成。株高105厘米，茎秆坚硬，叶片直立，植株紧凑。穗长约17厘米，穗偏散，每穗平均120粒，灌浆期颖红褐色，成熟后消失，无芒，千粒重23克，米白色。生育期165天，分蘖力强，抗倒伏，抗稻瘟病、稻飞虱。糙米率80.7%，精米率73%，直链淀粉含量16.4%，胶稠度软，外观品质好。

垦优94-7：河北省稻作研究所选育。株型紧凑，株高100厘米，根系发达，茎秆坚韧，叶色浓绿。穗型偏散，每穗110粒，无芒，千粒重24克。生育期172天，分蘖力强，较抗倒伏，耐盐碱，耐旱性较好。抗稻曲病，中抗稻瘟病。糙米率84.9%，精米率76.4%，整精米率75.8%，垩白率4%，垩白度0.08%，透明度0.76级，粒长宽比1.6，蛋白质含量8.14%，赖氨酸0.34%，直链淀粉含量16.7%，胶稠度74毫米，糊化温度（碱消值）6级。外观品质优良，食味好，达部颁一级优质米标准。

冀粳15：河北省稻作所选育。株高95～100厘米，穗长15.0厘米，穗粒数90粒，千粒重24～25克，颖尖褐色。全生育期170～175天。经中国水稻研究所测定，主要品质性状均达部颁一级优质米标准。

（2）中国农业科学院优质水稻新品种

京越1号：中国农业科学院作物育种栽培研究所选育。幼苗粗壮，根系发达，株高105厘米，株型较紧凑。叶型长宽适中，叶色稍淡，剑叶稍短。茎秆强韧。穗长20～25厘米，每穗平均100粒，粒形短圆，无芒，颖及颖尖稍黄，千粒重25克，米白色。全生育期160天，分蘖力强，成穗率高。抗倒伏，耐盐，耐寒，抗白叶枯病、稻曲病，对稻瘟病抗性较好且持久。糙米率83%，直链淀粉含量中低，垩白少，透明度好，食味佳，米饭有光泽，清香可口，软而不糊，冷而不硬，米质优。

中花10号：中国农业科学院作物育种栽培研究所选育。出苗快，幼苗长势苗壮，叶色浓绿，叶片直立，株型紧凑。株高115厘米，穗长24厘米，每穗150～200粒，千粒重28克以上，颖及颖尖淡黄色，少短顶芒，米蜡白色。生育期160～170天，需≥10℃以上活动积温4 275℃，分蘖力上中等，结实率85%，高抗稻瘟病，中抗白叶枯病，耐寒性好，抗旱性强，耐盐碱，耐污水灌溉。糙米率85%，直链淀粉19.2%，饭质柔软，涨性大，味香可口，米质优。

中花11号：中国农业科学院作物育种栽培研究所选育。出苗快（尤其是旱直播），幼苗顶土力强，出苗齐，耐寒。株高108厘米，株型紧凑，穗长22厘米，散穗型，每穗110～150粒，千粒重27克，颖及颖尖黄白色，极少短顶芒，米白色透明。生育期160天，可作一季春稻种植，也可作为麦茬老秧栽培。在水源不足的地方可作春稻旱直播。需≥10℃以上活动积温4 125℃，分蘖力中上等。成穗率78%，结实率84%，抗旱耐盐碱，抗稻瘟病和白叶枯病。适当控制水肥，防止倒伏。糙米率82%，精米率75%，米质优。

中作321：中国农业科学院作物育种栽培研究所选育。株高95厘米，叶色浓绿，叶片挺立、上举、直立，株型紧凑。根系发达，营养生长期繁茂性好。后熟转色好，活秆成熟，不早衰。穗型较松散，穗长18厘米，平均每穗100粒。谷粒椭圆形，谷壳黄色，无芒。千粒重 26 克，米白色。生育期 165 天，分蘖力强，耐肥，抗倒伏，耐寒性强，抗稻瘟病和白叶枯病，易感恶苗病和稻飞虱。成穗率较高，结实率 95％，糙米率 83％，垩白少，米粒透明度好，直链淀粉含量 18.3％. 蛋白质含量 7.93％，食味佳，米质优。

中花 12 号：中国农业科学院作物育种栽培研究所选育。幼苗生长旺盛。株高 100 厘米，株型较紧，分蘖力强，穗长 23 厘米，每穗 100 粒，千粒重 26 克，米白色。生育期 165 天，需≥10℃以上活动积温 4 200℃，抗稻瘟病和稻飞虱，抗旱，耐盐碱，根系发达，后期活秆成熟。糙米率 83％，精米率 74.3％，无垩白，直链淀粉含量 18％，蛋白质含量 8.7％～9.4％，达到部颁一级粳米标准，蒸煮品质和适口性好，清香可口。

中农稻 1 号：中国农业科学院作物育种栽培研究所选育。株高 90 厘米，株型紧凑，叶片较宽、直立，叶色较深，分蘖力中等，成穗率高，茎秆粗壮。半紧穗，顶白芒，穗长 17.3 厘米，每穗 150 粒以上，结实率 80％以上，千粒重 26 克。生育期 165 天，抗稻瘟病，耐盐碱，轻感条纹叶枯病和白叶枯病。糙米率 83.7％，精米率 74.7％，整精米率 66.1％，垩白率 8.0％，垩白度 2.4％，透明度 1 级，糊化温度 6.8 级，胶稠度 72 毫米，直链淀粉含量 17.4％，蛋白质含量 8％。米质优，食味佳。

(3) 天津市优质水稻新品种

天津 1244：天津市水稻研究所选育。株高 102 厘米，剑叶长，穗长 19 厘米，每穗 120 粒，中芒，千粒重 27 克，种皮白色。全生育期 159 天，中抗稻瘟病，抗旱，耐盐碱，结实率 95％。糙米率 83％，精米率 75％，脂肪含量 2.7％，蛋白质含量 7％以上。稻米外观品质、碾米品质、营养品质均达到部颁一级优质米标准。

金珠 1 号：天津市水稻研究所选育。株高 90 厘米，株型紧凑，每穗 120 粒，谷粒圆形，色金黄，稀短芒，千粒重 26 克。全生育期 150 天，分蘖力中等，结实率 97％，秧龄弹性大，较耐肥，抗倒伏，抗稻瘟病和白叶枯病，糙米率 82.6％，精米率 74.9％，整精米率 66.3％，垩白率 1.8％，垩白度 6％，蛋白质含量 10％，直

链淀粉含量 17.4％，糊化温度 7 级，胶稠度 62 毫米，米质优。

津源 45 号：天津市水稻原种场从由日本引进的月之光品种经自然分离株系选择育成。株高 105 厘米，株型较松散，剑叶长 35 厘米，穗长 22.4 厘米，每穗 142 粒，结实率 95％，千粒重 27 克。生育期 176 天，高抗稻瘟病和稻曲病，抗寒，不早衰，抗倒伏。糙米率 84.5％，精米率 76.1％，整精米率 68.6％，垩白率 5％，垩白度 1.4％，胶稠度 100 毫米，糊化温度 7 级，透明度 1 级，直链淀粉含量 15.5％，蛋白质含量 8.55％，粒长宽比 2.2。米质优，适口性好。

津原 E28：天津市原种场选育的常规粳稻。全生育期 177 天，株高 117.3 厘米，穗长 22.0 厘米，每穗总粒数 134 粒，结实率 94.5％，千粒重 30.2 克，无芒，粒大饱满。叶色绿，分蘖率 392.4％，667 米² 有效穗数 19.3 万，成穗率 85.2％。抗早衰，活秆成熟。经农业部谷物品质监督检验测试中心（武汉）检测，糙米率 83.8％，精米率 76.3％，整精米率 71.2％，粒长 6.0 毫米，长宽比 2.2，垩白粒率 9％，垩白度 0.7％，直链淀粉含量 15.0％，胶稠度 82 毫米，透明度 1 级，碱消值 7.0 级，国标等级优 1。适宜天津市作一季春稻种植。

（4）北京市优质水稻新品种

京糯 8 号：北京市农林科学院作物研究所选育。苗期叶色深绿，株高 85 厘米，叶片上举，剑叶夹角小，穗颈短，穗长 18 厘米，每穗 100 粒。谷粒阔卵形，红短顶芒，千粒重 25 克，米乳白色。生育期 165 天，需≥10℃活动积温 3 600℃，分蘖力中等，较耐寒，耐肥，抗倒伏，高抗稻瘟病，抗条纹叶枯病，感白叶枯病。糙米率 80.9％，蛋白质含量 9％，糊化温度 7 级，胶稠度 100 毫米，米质优，糯性佳。

（5）山东省优质水稻新品种

鱼农 1 号：山东省鱼台县良种场选育。株高 95 厘米，株型紧凑。茎秆细韧，叶片较小，挺直上举，每穗 75 粒，谷粒鲜黄色，顶端有芒，千粒重 25 克，米白色。生育期 145 天，分蘖力较强，成穗率较高，结实率90％，高抗白叶枯病，中抗稻瘟病，轻感纹枯病，成熟落黄好，不早衰，米质优，为部颁优质米。

圣稻14：山东省水稻研究所选育。株高85.8厘米，株型紧凑，生长清秀，叶色深绿，半直穗型，穗长14.1厘米，穗实粒数95.2粒，千粒重25.6克。中晚熟常规品种，生育期148天。2006年经农业部稻米及制品质量监督检验测试中心（杭州）检验测定，糙米率84.7％，精米率76.3％，整精米率75.0％，垩白粒率2.0％，垩白度0.2％，直链淀粉含量16.0％，胶稠度78毫米，米质符合一等食用粳稻标准。

临稻11：沂南县水稻研究所选育。株高约95厘米，穗长约16厘米，成穗率76.9％，穗实粒数108.5粒，千粒重26.5克。直穗型品种，分蘖力较强，株型较好，生长清秀，叶片深绿，大小适中。中晚熟常规品种，全生育期152天。2003年经农业部稻米及制品监督检验测试中心（杭州）测试，糙米率85.2％，精米率75.9％，整精米率68.8％，粒长4.8毫米，长宽比1.7，垩白米率29％，垩白度3.5，透明度1级，碱消值7级，胶稠度62毫米，直链淀粉18％，蛋白质10.1％，测试的十二项指标有八项达到一级米标准，一项达到二级米标准。经中国水稻研究所抗性鉴定，中抗苗瘟，抗穗颈瘟，中抗白叶枯病；田间表现抗条纹叶枯病，稻瘟病中等发生，纹枯病轻。适宜临沂库灌稻区、沿黄稻区种植。

香粳9407：山东省水稻研究所选育。粳稻品种。2002年通过山东省农作物品种审定委员会审定。在山东南部全生育期149天，株高约105厘米，散穗，分蘖力中等，剑叶宽长，叶色淡绿，熟相较好。有效穗277.5万/公顷，穗长约18.6厘米，每穗粒数105.2粒，千粒重28.9克。中抗苗瘟，抗穗颈瘟；田间表现中抗苗瘟、穗颈瘟、条纹叶枯病。整精米率73.5％，垩白度1.4％，胶稠度79毫米，直链淀粉15.5％。

（6）河南省优质水稻新品种

豫粳4号：河南郑州市柳林乡农业技术推广站选育。幼苗长势旺，根系发达，株高100厘米，叶色正绿，剑叶上举，株型紧凑。

穗长 20 厘米，每穗 120 粒，千粒重 28 克，米粒青白透明。生育期 145 天，分蘖力稍差，茎秆粗韧，耐肥，抗倒伏，耐淹，抗病。结实率 96％，糙米率 80％，精米率 73.4％，直链淀粉含量 21.15％，蛋白质含量 9.2％，糊化温度 7 级，胶稠度 100 毫米，米质优。

豫粳 7 号：河南省新乡市万能公司选育。中粳偏迟型。株高 95～100 厘米，每穗 100～120 粒，千粒重 25～26 克，结实率达 95％，颖壳秆黄色，无芒，分蘖力较强。叶片直立，株型紧凑，茎秆粗壮，抗倒性强。抗白叶枯病、稻瘟病，生育期 150 天左右。糙米率 82.1％，精米率 75％，食味好，米质达部颁一级优质米标准。

水晶 3 号：河南省农业科学院水稻研究室选育。苗期生长旺盛，分蘖力强，剑叶中长，夹角小。株高 100 厘米左右，茎秆坚韧有弹性，散穗型，每穗 90～110 粒，结实率 95％以上，千粒重 26 克，耐肥抗倒，抗病力强。生育期 155 天，属中晚粳。成熟灌浆快，落色好，长相清秀。糙米率 85.2％，精米率 74.6％．整精米率 70.7％，透明度一级，无腹白、心白，碱消值 7 级，胶稠度 74 毫米，直链淀粉 16.6％，蛋白质含量 9.2％，达部颁优质米一级标准。饭香味浓郁，口感极好。

黄金晴：河南省农业厅由日本引进。株高 95 厘米，功能叶与主茎叶夹角系，剑叶直立，受光姿态好，分蘖力强，茎秆细韧，抗倒伏性较强，抗病力较强。每穗 80～85 粒，千粒重 25 克，生育期 140 天左右。米晶亮，无裂纹，无垩白。蛋白质含量 9.3％，脂肪含量 2.6％，直链淀粉 13.5％。外观品质好，米质达部颁优质米一级标准。

(7) 江苏省优质水稻新品种

扬稻 6 号：江苏省里下河地区农业科学研究所选育。生育期 150 天左右，苗期矮壮结实，叶挺色深，繁茂性好，分蘖性中等，株高 115 厘米，株型挺拔，集散适中，茎秆粗壮，总叶片数 17～18 片，地上部伸长节间数 5 个，穗长 24 厘米，穗大粒多。穗粒结构协调，生长清秀，熟相颇佳。一般 667 米² 有效穗 15 万左右，每穗 165 粒以上，结实率 92％，千粒重 31 克。抗白叶枯病、稻瘟病、纹枯病，耐稻飞虱。抽穗期耐热性和苗期耐冷性强，高度抗倒。对肥料、栽插密度和播栽期适应幅度宽。品质优，糙米率80.9%，精米率74.7%，米粒长宽比3，垩白度5%，透明度2级，直链淀粉含量17.6%，碱消值7级，胶稠度94毫米，蛋白质含量11.3%，且米饭松散柔软，冷后不硬，适口性好。

武运粳7号：江苏省武进市农业科学研究所选育。早熟晚粳品种。株高95~100厘米，茎秆粗壮，坚韧有弹性，前期繁茂性好，后期株型紧凑，叶片宽、厚、挺，叶茎夹角小，叶色淡绿，功能叶面积大。每穗130~150粒，大穗型，谷粒椭圆，无芒。千粒重28~29克，结实率90%~95%，中后期长相清秀，熟色好，易脱粒。生育期155~158天，较耐肥，抗倒，抗病。糙米率86.2%，精米率78.4%，整精米率76.2%，长宽比3.2，透明度1级，碱消值7级，胶稠度80毫米，直链淀粉含量15.6%，蛋白质含量9.2%，米质较优。

镇稻88：江苏镇江农业科学研究所选育。株形较紧凑，剑叶短挺，叶色稍深，茎秆粗壮，分蘖性中等，株高98厘米左右，每穗总粒数110~120粒，结实率90%以上，千粒重27克左右。熟期适中，全生育期149天左右。米质较优。

武香粳14号：常州市武进区稻麦育种场、江苏省农业科学院粮食作物研究所选育。粳型常规水稻品种。分蘖性中等偏强，株型较好，叶色较淡，成穗率较高，抗倒性强，后期熟相好。株高100厘米左右，每穗总粒数150粒，结实率90%以上，千粒重25克左右。生育期153天。主要品质指标均达到国家一级优质米标准，米饭柔软光滑，有香味。

南粳9108：江苏省农业科学院粮食作物研究所选育。迟熟中粳稻品种。株型较紧凑，长势较旺，分蘖力较强，叶色淡绿，叶姿较挺，抗倒性较强，后期熟相好。每穗实粒数125.5粒，结实率94.2%，千粒重26.4克，株高96.4厘米，全生育期153天。经农业部食品质量检测中心2012年检测，糙米率85.4%，精米率75.2%，整精米率70.8%，垩白粒率10.0%，垩白度3.1%，胶

稠度 90 毫米，直链淀粉含量 14%，属半糯类型，为优质食味品种。

6. 西北稻区优质水稻新品种

（1）山西省优质水稻新品种

晋 800184：山西省农业科学院作物遗传育种研究所选育。株高 100 厘米，株型紧凑，叶色黄绿，抽穗整齐，每穗 85 粒，千粒重 27 克，无芒，米白色。生育期 158 天，分蘖中等。抗倒伏，抗稻瘟病和恶苗病。糙米率 85%，垩白少，直链淀粉含量 16.21%，胶稠度 49.5 毫米，蛋白质含量 7.05%，米质优。

（2）陕西省优质水稻新品种

青优黄：陕西省汉中市农业科学研究所选育。生育期 153 天，株高 110 厘米，每穗 140 粒，千粒重 26.5 克，分蘖力强，耐肥，抗倒，中抗稻瘟病。糙米率 81.2%，精米率 74%，长宽比 1.9，垩白率 3% 以下，垩白度 0.78%，糊化温度 6.8 级，胶稠度 77 毫米，直链淀粉含量 15.5%，蛋白质含量 8.1%。为国家级优质米。

丝苗选-2：陕西省水稻研究所选育。株高 109.6 厘米，株型紧凑，叶片窄直，叶色青绿，生长清秀，分蘖力中等，耐肥，抗倒，抗病性强，每穗 112 粒，结实率 89.7%，千粒重 25.1 克。生育期 157 天，长粒型，垩白度小，透明，外观品质极佳，食味品质好，米质优。

（3）宁夏回族自治区优质水稻新品种

宁粳 6 号：宁夏农业科学院作物研究所选育。苗期生长较慢，株高 75 厘米，穗长 11.5 厘米，每穗 70 粒，颖及颖尖秆黄色，无芒。千粒重 23 克，米白色。生育期 140 天，需≥10℃以上活动积温 2 800℃，分蘖力强，成穗率高，耐肥，抗倒伏，抗稻瘟病较强，抗白叶枯病中等。抗寒性稍差，灌浆速度较慢。糙米率 81%，精米率 70.2%，米粒透明，直链淀粉含量低，胶稠度软，食味佳，米质优。

宁糯 1 号：宁夏农业科学院作物研究所选育。幼苗生长较旺，株高 80 厘米，叶片窄，剑叶夹角小。穗长 16.7 厘米，每穗 55 粒，千粒重 25 克，颖壳及颖尖秆黄色，无芒，米乳白色。生育期 125 天，需≥10℃以上活动积温 2 600℃，分蘖力强，中期生长快，不早衰。抗病，抗寒，耐肥，抗倒伏中等，结实率 80%，糙米率 82.2%，蛋白质含量 3.54%，直链淀粉含量 1.05%，米质达部颁优质糯米标准。

宁粳 7 号：宁夏农学院选育。幼苗生长旺盛，株高 85 厘米，株型好，每穗 65 粒，谷粒阔卵形，颖壳及颖尖秆黄色，无芒。千粒重 25 克。生育期 150 天，需≥10℃以上活动积温 3 000℃。分蘖力强。高抗白叶枯病，抗障碍性冷害，灌浆速度快，结实率高。糙米率 83%，精米率 74%，糊化温度 7 级，胶稠度 87 毫米，直链淀粉含量 19.5%，蛋白质含量 7.7%，符合国家一级粳米标准。

宁粳 13：宁夏农业科学院作物研究所选育。幼苗长势旺，株高 90 厘米，叶色深绿，叶片较窄，株型紧凑，穗长 17 厘米，每穗 85 粒，颖及颖尖秆黄色，无芒。千粒重 28 克，米白色。生育期 135 天，需≥10℃以上活动积温 2 900℃，分蘖力强，抗病，抗寒，耐肥，抗倒伏，结实率 93%，糙米率 81.5%，垩白小，蛋白质含量 8.1%，糊化温度低，胶稠度软，直链淀粉含量 19.2%，米质一级。

宁稻 216：宁夏农林科学院农作物研究所选育。株高 90 厘米，分蘖力强，成穗率高，空秕率低，成熟落黄好，中上抗病性和良好适应性，生育期 140 天。属于典型穗数型，千粒重 25 克。糙米率 83.9%，精米率 76.7%，整精米率 67.1%，米粒长宽比 1.6，垩白度 1.0，垩白率 6.0%，透明度 1 级，糊化温度 7 级，胶稠度 80 毫米，直链淀粉含量 17.3%，蛋白质含量 9.0%，珍珠型优质米。

宁粳 43：宁夏农林科学院农作物研究所选育。株型紧凑，茎秆较粗壮，叶色深绿，长势繁茂，分蘖力中，半直立穗型，穗大粒多。平均株高 95 厘米，主茎叶片 15 片，每穗结实粒 92 粒以上，结实率 84% 以上，千粒重 24.6 克。糙米率 81.2%，精米率 80.6%，整精米率 78.8%，垩白粒率 10%，垩白度 0.5%，粒长

5.6毫米，长宽比2.1，透明度1级，碱消值7.0级，胶稠度82毫米，直链淀粉16.8%，米质达国标优质米一级。

（4）新疆维吾尔自治区优质水稻新品种

白芒稻：新疆地方优质米品种。苗期生长快，株高120厘米，叶片绿色，剑叶角中，株型较紧凑。穗长19厘米，每穗89粒，颖秆黄色，长芒，谷粒椭圆形，千粒重30克，易落粒，米白色。生育期127天，需≥10℃以上活动积温2600℃，分蘖力中等。苗期耐寒，耐盐碱，耐淹，生长快，耐肥中等，抗倒伏，抗稻瘟病。结实率90.5%，糙米率78%，无垩白，米质优。

黑芒稻：新疆地方优质米品种。苗期生长快，株高125厘米，剑叶角度小，株型较紧凑。穗长20厘米，每穗94粒。颖黄色，长芒，谷粒椭圆形，千粒重30克，米白色。生育期134天，需≥10℃以上活动积温2800℃，分蘖力中等，苗期耐寒，耐盐碱，耐淹，耐肥中等，抗倒伏，抗稻瘟病差。结实率87%，糙米率78%，无垩白，米质优。

粮粳10号：新疆农业科学院粮食作物研究所选育。粒长5.5～6.0毫米、宽3.5～4.0毫米，千粒重22.5～24.0克。穗长17.5～21.0厘米，穗粒数125～190粒，属大穗型品种。千粒重23.6克。株高85～100厘米，在南北疆主要稻区全生育期143～160天，属早熟、中晚熟品种。幼苗期耐寒，后期耐冷。米质食味综合评分82分。

粮香5号：新疆农业科学院粮食作物研究所育成。米粒长0.7厘米，长宽比3.1，千粒重31克左右，大穗型，穗长21～24厘米，穗粒数150～210粒。株高110～115厘米，叶片长，籽粒较大，粒型长，颖壳秆黄色，生育期150～158天，属晚粳早熟类型。幼苗期耐寒，后期耐冷。品质极优，米粒无垩白，外观色泽鲜润、油亮，晶莹剔透，呈坚硬玻璃质透明状。米饭具纯正锅粑芳香，柔软而香甜爽口，食味极佳。不亚于泰国香米。

（5）内蒙古自治区优质水稻新品种

通特1号：通辽市农研所、通辽市科左后旗原种场选育。原代号红香稻。株高 95～100 厘米，单株有效分蘖 3～5 个。穗长 20 厘米，小穗分枝 8～12 个，单穗粒数 95～100 粒。颖壳浅黄色，米皮色（种皮色）棕红色，籽粒椭圆，中粒，平均单穗粒重 1.8～2.0克，千粒重 22～24 克。米饭气味芳香、浓郁、香味不退。生育期≥10℃活动积温 2 800～3 000℃，生育日数 138 天，属中晚熟品种。经测定，赖氨酸含量 267 毫克/100 克，蛋白质含量 6.19%，直链淀粉含量 11.5%。

通特 2 号：通辽市农研所、通辽市科左后旗原种场选育。原代号绿香稻。株高 110～115 厘米，植株生长势似剑草，单株有效分蘖 6 个。穗长 21 厘米，小穗分枝 12 个，单穗粒数 120～140 粒。平均实穗粒重 2.0 克，千粒重 20 克，细长，长宽比 2∶6，颖壳浅黄色，米皮（种皮）白色带有微绿色，米质透明，腹白少。生育期≥10℃活动积温 3 100～3 200℃，生育期 145 天，属中晚熟品种。经测定，粗蛋白含量 8.62%，直链淀粉含量 17.47%。米饭清香，口感好。

（二）优质水稻壮秧培育技术

1. 水稻育苗技术的改进与发展

水稻栽培技术的改进由直播栽培逐渐发展成为育苗移栽，至今一直是水稻生产的主体方法。其优点：一是秧田占地面积小，便于集中管理；二是采取保温育秧，有利于选用生育期较长的高产优质品种；三是水资源紧缺，采取旱育苗，可以经济用水和节约用水；四是保证栽培密度规格化和单位合理的基本苗，实现全苗；五是便于田间防除杂草和灌溉管理。在通常情况下，育苗移栽的水稻产量明显高于直播栽培。

水稻育苗技术经历了由水育苗到湿润育苗，后来又改为旱育苗；由自然露地育苗改为油纸育苗，又由油纸改为薄膜保温育苗；由简单较粗放育苗进一步发展为集约化经营或工厂化育苗。由于育苗技术的不断革新，使育苗操作技术更加规范化与精量化。我国北

方稻区全面推行水稻节水栽培，对水稻育苗技术要求标准更高，因此也促进了秧苗素质逐步提高。由于育苗技术水平的提高，又进一步推动了水稻生产由低层次向高层次发展，由传统淹水栽培向现代节水栽培稻作发展。

2. 不同育苗方式及种类

目前，北方稻区已经全部采用保温旱育秧技术。主要分为两种：一是田间旱育苗，二是温室旱育苗。田间旱育苗又分为稻田旱育和庭院或园田旱育苗，温室育苗又分为大棚或中棚旱育苗。田间或大田旱育苗的好处是移栽时不用搬运，就地撒秧，节省运秧工，有些地方如辽宁盘锦地区在稻田按所需秧苗面积起成高台建立固定秧田，进行培肥，变成永久秧田。移栽后下茬种植蔬菜变为经济田，可以增加收入。

大部分非盐碱地区采用井灌的地方，一是在稻田地里沿水线按秧本田比例进行旱育苗；二是在庭院或园田旱育苗，便于管理，移栽时需要往本田运苗；三是温室包括大棚、中棚和冷床育苗；四是工厂化盘土旱育苗，便于实施规范化精量技术的应用，达到秧苗规格与素质一致，移栽后好管理，生长整齐。

各种旱育苗形式示意图图5-1所示。

3. 秧苗类型及壮秧的生理素质

水稻秧苗种类及壮秧素质对水稻产量及品质有着重要的影响。

（1）秧苗类型

由于生育期不同以及当地生态条件、栽培管理技术水平的差异，要求提供不同种类的秧苗（图5-2）。

小苗：指3叶期移植的秧苗。一般苗高8～12厘米，根系10条左右。多为温室或大棚盘育苗，适于机械插秧，秧苗近于离乳阶段。秧苗较耐寒，适于非盐碱地，可适当提早移栽；对整平地，水层管理及插秧质量要求较高。

中苗：指3.5～4.5叶期移栽的秧苗。株高10～15厘米，根系

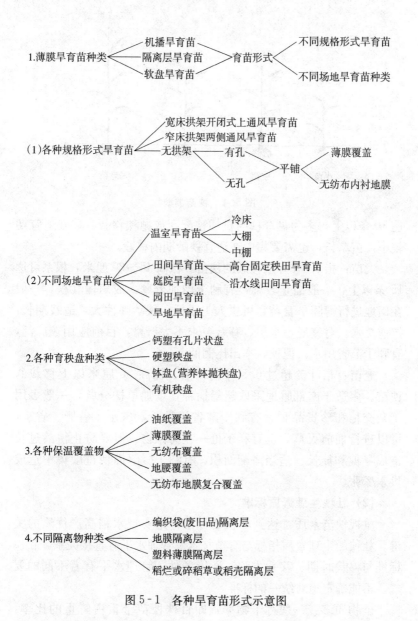

图 5-1　各种旱育苗形式示意图

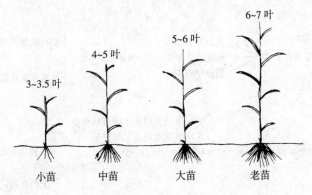

图5-2　秧苗类型

达10条以上，多为盘育秧与机插秧配套或抛秧移栽，移栽适宜期较小，苗略长，也需要集中在适宜秧龄期内移栽。

大苗：指5～6叶期移栽的秧苗。株高15～20厘米，根系可达15条以上，一般播量较稀，有利于增加分蘖，成扁蒲壮秧。一般在田地进行薄膜旱育苗，可供人工手插，秧龄弹性大，适栽期长，抗逆性强。对整地、水层、移栽要求不太严格，目前应用较广泛，有利于节省用水。但秧、本田比例低。

老苗：指叶龄超过6.5叶期以上、株高20厘米以上移栽的秧苗。多适于南部暖地采取超稀播种，增加单株分蘖，一般多用于杂交稻和珍贵品种，有利于节省用种量，省水、省肥、省工，可以进行插前灭草。也有利于抢一茬前作物。但要防止秧龄过长造成早穗和徒长。适当搭配面积，有利于缓解插秧过度集中造成供水紧张。

（2）壮秧生理素质标准

重视秧苗素质，达到壮秧的标准，是实现水稻高产优质的关键。壮秧的生理素质指标与育苗技术及管理水平有直接关系。壮秧标准与移栽时期、移栽方法、环境条件、管理水平有着不同的要求，不能确定绝对统一的标准。

干物质多：一般称干物率，即百株秧苗干重占鲜重的比率，通常干物率高为好。也可以用重高比值表示，又称充实度，即秧苗的高度与其干重的比值，其数值大则重高比值大，秧苗素质好。徒长的秧苗、播种量大的牛毛秧，其干物质量较低，重高比值小，秧苗素质就差。秧苗光合产物多，其植株碳水化合物积累也多，碳氮比（C/N）协调。秧龄不同，其适宜比值也不同，一般小苗3：1左右，中苗7～9：1，大苗11～13：1，老苗以14：1为宜。

根系发达：秧苗的生理素质好，主要表现在地下部根系粗壮、根量多、根新鲜、根毛多，不发生黑根、锈根，更不是烂根。秧苗根系好，活力强，吸收能力也强，移栽后返青快。

抗逆性强：壮秧的植株体内干物质积累量多，充实度高，其束缚水含量比值大，自由水含量小，蒸腾量小，保水力强。体内含糖量高，抵御低温、高温、干旱、盐碱等各种不利因素的侵袭能力增强。据辽宁省农业科学院水稻研究所试验，旱育壮秧放入0℃恒温箱内冷冻6小时后，再置于20℃常温下能很快恢复正常生长，而水育弱秧则很难恢复。又据辽宁省盐碱地利用研究所试验，把旱育壮秧和水育弱秧同时切断根，移栽在0.2%的盐水中，经过5天后，旱育壮秧比水育弱秧发根量鲜重增加5.7倍，干重增加3.6倍。

秧苗综合素质：健壮的秧苗，植株外部形态与良好的内在生理素质相统一，秧苗地上部与地下部生理协调，新陈代谢旺盛，根系发达，抗逆性强。主要体现在：①秧苗长势清秀健壮，富有弹性；叶片挺直，短而宽厚，叶色不浓绿；叶枕距适中，茎粗壮，基部扁宽；无病虫危害。②根系发达，根系粗壮，白根多，无黑根。③抗逆力强，抗寒，耐旱，耐盐碱，抗病。④秧龄适宜（35～45天），4.5～5.5片叶，株高12～15厘米，茎基粗0.3～0.5厘米，见有分蘖，百株干重5.5～6.5克。

水稻壮秧的综合素质，应从秧苗的秧龄、叶龄、重量与株高之比，即充实度、干物率及碳氮比等各项生育生理指标进行评价（表5-1）。

表 5-1 壮秧生育指标

处理 \ 项目	秧龄 (天)	叶龄 (片)	重/高 (毫克/厘米)	干重/鲜重 (%)	碳/氮 (C/N)	弹性
壮秧	40～50	4.5～5.5	7.0	18～20	10～13	强
一般秧	30～35	4.0～4.3	5.0	15～16	6～8	弱

由表 5-1 可以看出，壮秧的秧龄比一般秧龄长 10～15 天，叶龄多 0.5～1.2 片叶，其充实度、干物率及碳氮比值均高。有利于移栽后返青早，抗逆性增强，使生育进程加快。

4. 培育健壮秧苗

水稻壮秧的培育技术主要包括优质高产良种选用与处理、苗床准备、播种方法及苗期管理等四个环节。

(1) 选用良种及种子处理

选用良种：根据各地区的生态条件，应选用适于本地区安全成熟、高产、优质、抗逆性强的中熟品种为主，要求种子纯度高，发芽率达 95% 以上，发芽势达 80% 以上。

作好发芽试验：首先要进行发芽试验，稻种经过浸泡后保持充足水分，在 25～30℃ 温度下经 3～5 天就可以观测其发芽势和发芽率是否达到播种要求。计算方法：

发芽势：表示种子生活力的强弱。发芽势强，表示稻种生活力强。

$$发芽势（\%）= \frac{规定天数内发芽粒数}{供试总粒数} \times 100$$

发芽率：表示种子发芽的百分率。发芽率越高，种子越好。

$$发芽率（\%）= \frac{发芽粒数}{供试总粒数} \times 100$$

通过发芽试验达到要求后，才可以用于播种。

晒种：稻种经过一秋冬贮藏，在仓库内温度和湿度不均衡，经过充分晒种后，进行催芽或播种，有利于出苗整齐。

种子精选：在催芽或播种前，要进行精选，清除杂草，特别是稻稗种子与杂质，还有不饱满的稻种都要清选出去。

种子消毒：用浸种灵等药剂浸种，杀死种皮表面的恶苗病、干尖线虫病、白叶枯病等病菌，然后用清水冲洗并浸种 5～7 天，在播种前捞出，再晾晒 1 天，进行催芽或播种。也可用立枯宁拌种、稻种包衣，有利于防治立枯病发生。

（2）苗床准备

沿水线稻田育苗，选择供水方便、田面平坦、土质肥沃、无杂草种子、无盐碱的地块作苗床；也可以利用宽坝埂做苗田，进行高台育苗。下茬种大豆或蔬菜。

备好营养土或苗床覆盖土，对田间或园田苗床要施足腐熟农家细粪。由于壮秧剂的使用，则不必进行床土调酸处理。

要求配制好盘育苗营养土，使用过筛的草炭土、腐熟农家肥、土，比例为 3∶2∶5，加入氮、磷、钾、锌肥，以 1 米^2 计算：硫酸铵 50 克、过磷酸钙 100 克或磷酸二铵 30 克、硫酸钾 50 克、硫酸锌 1.5～2.0 克，与营养土混合均匀施用。苗期不能使用尿素，以免烧苗。

（3）播种

播种期：北方地区适宜播种时间一般以 3 月下旬至 4 月上旬为宜。首先，根据品种生育期长短而定，生育期长应适当提早播种，生育期短则可适当推迟播种期。其次，由于播种处理方法不同，其播种早晚也有差异，播种时间顺序：干种早于浸种，浸种早于催芽。第三，因育苗方式不同，播种早晚也不同，一般露地旱育苗，稀播种，育成大壮秧移栽，可适当早播种。而中早熟品种，采用软盘育苗，机械插秧或抛秧栽培，可适当推迟播种期。

播种量：一般露地旱育宜稀，软盘育苗宜密；人工手插秧宜稀，机插或抛秧可适当密些；小苗移栽宜密，大苗宜稀。但从高产优质栽培和培育壮秧要求出发，应强调在种子精选、确保发芽率的前提下，播种量应严加控制。因为播种量过大，不仅浪费稻种，而且容易长成"牛毛秧"，最易发生立枯病和徒长，变成弱苗。具体适宜播种量：露地旱育苗，一般每平方米干种 150～200 克，不超

过 250 克；盘育苗，每盘 80～120 克。

按不同秧龄类型确定播种量：3 叶期秧龄小苗，带土移栽，播种量每平方米为 350～500 克；4.5 叶期秧龄中苗，播种量 200～250 克；5.5～6 叶期秧龄大苗，播种量 125～150 克；6.5～7 叶秧龄老壮秧，播种量 50～75 克。

播种方法：

①放隔离层，在整地作床的基础上，培育小苗和中苗可以放隔离层；盐碱地、低洼地适于放隔离层，好处是隔盐碱，提高地温，容易起苗和运苗，但不适于培育带蘖大壮秧，地下毛细管水被隔断，苗床易干旱缺水，应及时浇足水。

②浇足底水，施足底肥，均匀播种，床边播齐。

③镇压，使稻种与床土紧密接触，有利于出齐苗。

④覆土，用营养土和壮秧剂均匀覆盖在稻种上面，使稻种盖严，轻轻压平。

⑤药剂封闭，用苗床除草剂或丁草胺药液喷雾，封闭，同时覆盖薄膜。

⑥插拱架盖膜，播种，镇压，覆土，插架，施药，盖膜连续作业。

⑦插拱架分为三种规格：小拱棚，用竹批子，在床上每隔 50 厘米远插一根，拱架中间高 30～35 厘米，两侧高为 20 厘米，一般床宽 1.2 米，然后盖膜用草绳固定好；中棚，架高 1.5 米，宽 3.3 米，棚架间距 75 厘米，用竹批子做架材，设两道横木梁或顶一排立柱；大棚，架高 1.7～2.1 米，宽 5.4 米，棚架间距 45～60 厘米，钢管骨架设三道梁，竹条做骨架时，内设两排立柱；大棚及中棚均在播种前 5～7 天盖膜，以利于提高棚内苗床温度；为了保温保湿出苗整齐，棚内的软盘育苗床面最好加盖地膜，出齐苗将膜揭去。

⑧大棚盘育苗：水稻大棚盘育苗增加了棚的高度和宽度，扩大了棚内空间，缓冲了棚内温差，方便在棚内育苗和管理作业，比小拱棚育苗具有明显的优越性，是水稻育苗技术上的一次重大改革。

主要技术包括：

a. 育秧大棚用地选择：根据水田的分布状况，选择在地势平坦高燥、背风向阳、排水良好、有水源条件、土质肥沃且盐碱轻、无农药残留的园田地。如果在水稻田里建育苗棚，要选择地势相对较高的田块；育秧垄要相对集中，通行方便，建棚后要留有充分的空地，方便运送和堆放各种育苗材料。一般要求大棚长度不大于100米，宽度6～6.5米，高度2.2～2.7米。

b. 棚内做床：棚内放盘的置床要表面平整，土壤细碎，压实后表面无根茬等凸起。大棚内一般做两排置床，中间留出0.5米左右作业道，方便作业。应选择塑料硬盘育苗为佳，秧盘外径长60厘米，宽30厘米，内径长58厘米，宽28厘米，深3.0厘米。秧盘四周整齐，不变形，达到一定的硬度和韧性，经久耐用，盘重大于550克。秧盘横摆或顺摆均可，横摆一排为5盘，顺摆一排为10盘，秧盘要摆齐靠紧，置床不平用细土找平，保证盘底与置床紧密接触，防止置床不平使塑料秧盘变形或苗期管理时失水过快，影响秧苗质量。

c. 种子和营养土处理：种子需要晒种、脱芒、选种、浸种消毒、催芽等处理；育苗营养土要进行调酸及营养成分调制，充分混匀，使pH值达到4.5～5.5（偏酸土壤），用塑料膜覆盖备用，每盘装土约3.0千克，厚度保持2.5厘米左右，浇水后盘内营养土全部润透，盘底部稍有渗水。也可采用加工好的专用育苗基质进行育苗，即无土育苗。

d. 播种：具备条件的农户可采用硬盘、联合播种机组播种，不具备条件的农户可采用软盘手播，但要保证播种量和均匀度。每盘播种4 000～4 400粒，千粒重25克左右，播干籽100～110克。大于26克的品种，播干籽110～120克；小于24克的品种，播干籽100克。覆土厚度0.5厘米，种子盖严不外露。机插秧盘育苗播种量大，秧苗生长密度大，秧龄期短，适插期短，插种期一定要与插秧期衔接好，要以插秧期确定育苗期。由于大棚盘育苗秧龄短，3.5～4叶时即可插秧，因此机插秧时间要适当提前，以免造成生

育期延后。

(4) 苗期管理

水稻苗期主要做好水、肥、气、热等项调节管理和病、虫、草防治工作。总的要求：前、中、后期三阶段掌握好"促、控、炼"三个环节。

秧苗前期管理：从播种至出苗3叶期，以保温保湿为重点，设专人检查苗床水分是否充足，如发现床面和秧盘变白和干燥，明显缺水，要及时浇灌补水，防止吊干种芽，这是确保苗全苗齐的关键，特别是干种或只浸种不催芽及隔离层育苗进行播种的苗床，应特别注意。同时要逐床巡视薄膜或无纺布是否完全盖严。因为前期外界气温低，注意床内保温非常重要。一般应保持25～32℃，土壤水分达到田间最大持水量的70%～80%为宜。播种后1周左右，当稻种露出白芽时，千万不要浇灌水，防止过分刺激幼芽，影响发根和生长。只有开始见青后，如果床内缺水，才可浇足浇透。

秧苗中期管理：秧苗3叶期到4叶期以控制床内高温为主，这段时间外界气温开始上升，一般4月中下旬在天气晴好时，中午床内最高可达40℃以上，最容易使秧苗发生徒长，特别是3叶期，幼苗开始由自养向异养转化，也是青枯病和立枯病容易发生的阶段。在此期间，床内既不能缺水，也不能水大。缺水时，使幼苗因缺水而发生水分失调，造成秧苗蒸腾失水，根部吸水不足，秧苗水分收支失衡，最易引起青枯和立枯病发生。反之，水分过多，土壤通气不良，根部缺氧，秧苗生长受阻。注意通风降温进行炼苗十分重要，床内温度应控制在25～28℃，最高不要超过32℃，防止发生徒长。要注意天气变化，晴天时，上午在高温来临之前及时通风，防止高温时才通风对秧苗产生刺激，造成滞长或立枯病的发生。当秧苗表现有脱肥现象，应及时适当补施硫铵，一般每平方米施20～25克，可撒施后浇水，也可以对水100倍喷浇后，接着用清水冲浇一遍，以免发生肥害。

秧苗后期管理：由于天气逐渐变暖，床内温度容易升高，要及时通风炼苗，并要逐渐增大通风炼苗程度，一般采取白天揭膜夜间披上，根据天气情况于 4 月底至 5 月初揭膜。揭膜后秧苗管理采用平铺膜的苗床，小苗达到一叶一心时可撤掉盖膜，有孔膜可适当推迟 3～5 天撤膜。完全撤膜的时间应看气候，要在外界平均气温稳定在 12℃以上，终霜已经结束，方可撤膜。注意天气预报，如果正值寒潮侵袭，应适当推迟几天，以免秧苗受寒害影响正常生长。撤膜时要浇透水，防止秧苗遭受风吹日晒发生萎蔫。如果明显表现肥分不足，可适当追少量送嫁肥。在移栽前 3～5 天，要适当控制灌水，促使秧苗根系发达，进行蹲苗，秧苗表现老健有弹性，移栽时抗折腾，插到本田直接发根生长，几乎不发生缓苗现象。

移栽前切忌用大水大肥催苗，以免移栽后返青延缓，推迟正常生长。

除上述管理之外，还可以根据具体情况采取如下做法：①如果苗床有稻稗等杂草，应注意进行灭草；②如果发现有轻微青枯病发生，应及时浇水，用育苗灵或移栽灵等防治立枯病的药剂进行防治；③如果当地有潜叶蝇发生，应在移栽前在苗床用乐果等药剂进行防治。

（三）优质水稻耕作整地技术

1. 稻田土壤的特点

稻田土壤结构及理化性状优劣，主要受地下水、耕作方法、施肥以及开发年限有密切关系。地下水位高，土壤通透性差，水、气、热状况失衡；地下水位低，通气性强，保水肥能力差。介于两者之间最为适宜。多施有机肥，通透性、结构性良好。开发年限久的稻田，有机质含量降低，土壤结构性差。

土壤理化性状：

（1）化学性

主要指氧化还原性。土壤通气好，氧化还原性良好，通气性差，则还原性加强。衡量氧化还原性质用氧化还原电位（Eh）表

79

示，单位为毫伏（mV）。氧化还原数值大小是表示其强弱的指标，一般以 Eh300 毫伏为分界线，<1 以下可达到负值，还原层还原性强可呈负值。土层下部青灰色，氧化还原电位低于 250 毫伏，还原性强，称还原层；上边一层通透性强，氧化还原电位在 350 毫伏以上，为氧化层。

氧化还原层变化大小对稻田土壤养分的变化影响极大。氧化层氧化合物如 Fe_2O_3 很稳定。如施硝态氮（NO_3^-），呈黄色，因含有氧，故稳定，易溶于水，可渗漏到还原层；如施铵态氮（NH_4^+），因不含氧，氨在细菌的作用下氧化为硝酸，可随水淋溶到还原层，称硝化作用。

氧化层氧化合物 Fe_2O_3 还原，失去氧，由 3 价铁（Fe^{+3}）变成 2 价铁（Fe^{+2}），即 $Fe_2O_3 \rightarrow FeO + O_2$，其 2 价铁为亚铁，呈青灰色。而硝态氮经过脱氮失去氧，即 $NO_3^- \rightarrow NO_2$，称反硝化作用。这是稻田氮素损失的主要途径。

稻田通透性不良发生的还原作用，会产生一些有毒物质，其中主要是硫化氢（H_2S），毒害稻根，发生黑根现象；也产生亚铁毒，特别是在排水不良的地下水型稻田，由于铁离子浓度过大，使水稻发生赤枯病。

（2）物理性

主要指土壤结构性，如疏松程度，以孔隙率表示。如果土壤发生板结，孔隙率低，通气性差，氧化还原性不协调，使土壤过度还原而变劣，影响水稻根系下扎，活力减弱，使深层根量比例减少，其吸收力和范围缩小，容易引起早衰。不仅影响产量提高，还直接影响稻米品质。

2. 稻田耕作类型

（1）机翻耕
采用链轨拖拉机（四轮）、轮式拖拉机翻耕（手扶）。

（2）少耕法
采用轮式机械、手扶拖位机旋耕。

(3) 压耙法

减少翻耕整地作业程序，压耙（介于少耕与免耕之间），手扶拖拉机带动两只铁脚轮，直接下田带水原茬压耙，再带拖板拉平。

(4) 原茬行间开沟

条施肥，然后放水拉板，插秧或抛秧、乳芽抛栽、旱种，也可覆盖地膜或秸秆、稻乱、稻壳。

(5) 免耕法

原茬直接在行间旱播或放水泡田，在原茬行间插秧或撬窝栽秧。

3. 不同类型耕作方法的优缺点

(1) 翻耕法

耕翻的优点是可以把稻根和杂草种籽翻到下边，有利于减轻病虫草害，充分疏松土壤，淋洗盐碱。缺点是翻地、耙地（包括旱耙、水耙）、平地（铲平漏耕、锹挖地边地角）、平坝埂、打坝堑作业程序繁杂，费工费时，增加机耕费，不易保证耕整地作业质量，漏耕、土块破碎程度差，田面不够平整，给本田管理带来不便，灌水泡田用水量大。

(2) 少耕法

少耕法使耕整地作业程序大为简化，整地作业质量好，便于田间管理，省工、省时、省水，降低耕整地成本。克服了重型链轨式拖拉机对稻田土壤碾轧作用，从而减轻对土壤结构的破坏。由于拖拉机台数少，保证不了作业农时季节需求，特别是耕翻作业质量难以达到要求，如深浅不一，漏耕漏翻造成夹心，砌平池埂和重新打埂，地边地角耕翻不到位，不但增加了机耕费，而且费工、费力、费时，增加泡田整地用水量。

旋耕法在旋耕前可将底肥均匀撒施到全田，边施边旋耕，通过细土作业将肥料搅拌到土壤耕层，保证全层施肥。移栽前灌水浸泡，要求严格掌握适宜水层，水深不宜超过3厘米，结合插前施除草药，封闭，24小时后栽秧。沙壤土不适于药剂封闭，可以边灌

水、边浸泡，边拉板、边栽秧。

免翻耕带水压耙法，就是不经秋翻和春翻，稻田原茬在适期移栽前，根据不同土质，保水力强的黏土地可以在移栽前修整好池埂和灌溉排水渠系的基础上，撒施底肥，灌水泡田；经过 24 小时或稍长时间，田间水层深度 3～4 厘米达到田间陷脚的程度，用手扶拖拉机带动压耙机下田，带水压耙作业，每天以 8 小时为一个班次，可以压耙 0.8～1 公顷，采取环式套耙方法，压耙机后边可以带动拖板，边压耙边水平撒施灭草药剂，再经过 24 小时就可以移栽。

少耕法最大的好处是可以达到田面平坦，有利于全田保持肥力均匀，水稻生长平衡稳健，成熟一致，成熟度好，籽粒饱满，出米率和整精米率均高于一般田。相反，耕整地质量差，田面高低不平，地力不均，洼处过肥，容易徒长、贪青、倒伏，易早衰、迟熟，严重影响稻米质量。高处肥力差，生长量不够，影响产量和质量。

4. 稻田土壤改良与培肥方法

在稻田土壤中大致有四种类型需重视改良与培肥：一是漏水沙壤土；二是低洼冷浆田；三是草炭土；四是盐碱土。

（1）稻田土壤改良的作用与必要性

土壤是一种无法再生的自然资源，由于长期过度耕作，品质逐渐变劣，最终导致水稻产量不稳定，同时影响稻米品质。

土壤的作用首先在于它是一个巨大的生物生存空间，1 克土壤内含有 1 亿个细菌、1 000 万个放线菌、100 万个真菌。如果土壤肥沃，每立方米面积的土壤里就会有 10 万个蜱螨目、5 000 亿个弹尾目小型节肢动物，5 000 个软体动物和 1 000 只蚂蚁。每平方公顷土地含有 1 吨至几吨的蚯蚓在土层里进行精细耕作。

其次，土壤中所拥有的生物群体如同一个生物"反应堆"，由于它的作用，使每平方公顷土壤每天可以产生 500 千克有机物质，这种有机质的作用可使土壤多孔性得到保证。如果土壤中有机质含量过低，土壤就会变硬，多孔性变差，使土壤水肥蓄存能力下降，直接影响生物的活性。土壤的肥沃性取决于有机质的矿化程度，氮、磷、钾、硅、钙、镁等元素对水稻生长至关重要，其主要来源于土壤中的有机物质，因此水稻优质栽培最重要的物质基础是有机质，并非化肥。

第三，土壤越是多细孔，越能使水稻根系发达，有利于吸收更多的养分。土壤气、热状况良好，使土壤微生物活动更加活跃。同时，土壤又是雨水过滤器和小水库，雨水在进入含水层之前先穿过土层，土壤起到了净化器的作用，并贮存一定水分。土壤中成土母质不断进行风化，使表土得到更新，以提高土壤肥力。

（2）稻田土壤的改良与培肥方法

对不同类型土壤应采取不同的改良措施进行培肥。

①砂性漏水田：有机质极度贫泛，采取连年施用有机肥，增加有机质含量，逐渐使土壤有机质含量达到 2% 以上；还可以通过灌溉水携带黏性淤泥灌田，使淤泥沉积在稻田里，逐渐增厚土层；也可以趁秋冬闲暇时节将河、塘、泡、边沟的淤泥拉运至沙性漏水田，均匀扬施，对漏水田进行客土改良，增加土壤质地密度，提高保水保肥能力。有机物质的来源除农家肥外，稻草还田应列为主要有机肥来源；可以采取秸秆覆盖措施，如稻草、稻乱、油菜秸秆、麦秆、稻壳等；还可用野青稞、马铃薯秧、绿肥作物沤制绿肥或直接进田压青。此外，有条件的地方，可以就地取材，用膨润土、硅皂土、沸石土、水产品残弃物、贝壳粉等均可用于改良土壤。

②低洼冷浆田：可采取改善田间灌排渠系，增施农家肥，秸秆覆盖；应用地膜覆盖、起垄栽培、种植耐低温品种、浅湿干交替间断灌溉；中后期适当晒田、地面撒施增温剂、水稻叶面喷洒增温剂或乙烯利、三十烷醇、磷酸二氢钾等各种营养制剂，均有利于增产促熟和改进稻米品质。

③草炭土改良：草炭土又称垫包地。这种土壤结构过度疏松，呈无结构状态，土壤有机质含量过高，一般超过 5% 以上，插秧后

不利于水稻扎根生长，中期发苗过旺，后期易倒伏。最好重施磷、钾、硅、钙肥，减少氮肥施用量，不需要施用农家肥和其他有机肥。注意排水晒田，有条件可以采用黄泥客土改良，栽培密度不宜过大，选用茎秆坚硬抗倒伏的优质新品种。

④盐碱土改良：无论是海滨盐碱土还是内陆苏达盐碱土，均适于增施农家肥，各种富含有机质肥料；适当注意翻耕淋溶盐碱。重视施用酸性肥料，如磷石膏、腐植酸肥料、增产素、含酸土壤调理剂、硅复合肥、钙镁磷肥等；建立畅通的灌溉与排水系统，栽植中壮秧；选用耐盐碱的优质品种；在灌溉方法上要灵活掌握，前期以浅湿为主，适当晾田；封行之后可适当采用浅湿干交替灌溉，后期不可断水过早，防止造成逼熟，产生劣质米。

采取不同的耕整地方法，对稻田土壤理化性状会产生不同的影响（表5-2）。

表5-2　不同耕作方法对稻田土壤理化性状的影响

项目处理	容重（克/厘米³）	孔隙率（%）	氧化还原电位（Eh）（毫伏）	土壤最大吸水率（%）	5厘米深地温（℃）			
					7小时	13小时	18小时	日平均
旱整地	1.13	57.4	623	30.6	23.0	33.6	27.1	27.9
水整地	1.39	47.6	543	22.5	22.6	29.9	26.4	26.3

由表5-2可见，旱整地土壤容重比水整地降低18.7%，孔隙率提高20.6%，氧化还原电位升高80毫伏，提高14.7%，土壤最大吸水率增加36%，从而为水稻健壮生长创造良好条件。

（四）优质水稻栽培合理稀植

水稻高产、优质、高效栽培的途径始终存在着稀植与密植这两种观点之争。在多年的实践中，也确实很难评价稀植与密植这两种做法哪一种最好，哪一种不好。近年来，随着耕作栽培管理水平的提高，特别是从生产成本出发，从人们对于水稻栽培强调省工、省力、省时、节本、节水及优质、安全、低耗生产等特点出发，逐渐朝着稀植甚至超稀植的栽培管理模式方向发展。

1. 确定优质栽培的合理密度

水稻栽培密度与水稻分蘖质量、分蘖的有效性、最终穗数及穗的大小具有密切关系。从优质米角度看，密度适宜度将直接影响水稻结实率、穗粒重、整精米率、垩白度、死米和青米率。

（1）适宜密度与品种的关系

根据优质米水稻品种生物学特性，要最大限度地增加有效分蘖。一是分蘖力强的品种，应适当稀植，充分发挥分蘖优势，以蘖穗为主；分蘖力弱的品种应适当密植，以主穗为主；分蘖力中等的则以主穗与蘖穗并重；二是株型直立紧凑和株高偏矮，应适当密些。反之，株型松散和植株偏高的大穗型品种应采用稀植甚至超稀植，有利于充分发挥大穗型的品种优势。

（2）适宜密度与地力的关系

根据土壤肥力状况，肥地宜稀，薄地宜密。一是土壤肥沃的上等地，采取稀植，肥沃地可采取超稀植。就北方稻区而言，一般密度为 30 厘米×16 厘米或 33 厘米×16 厘米、30 厘米×20 厘米，每 667 米^{2}1.1 万～1.3 万穴为宜。肥沃地采取超稀植，密度为 32 厘米×20 厘米或 40 厘米×20 厘米，每 667 米^{2}0.85 万～1.0 万穴；二是肥力中等地，采取中等栽植密度，即 30 厘米×13 厘米或 30 厘米×16 厘米，每 667 米^{2}1.3 万～1.6 万穴；三是土壤较瘠薄的下等地，采取较大的栽植密度，即 23 厘米×16 厘米或 26～30 厘米×10～16 厘米，每 667 米^{2}1.6 万～2.2 万穴。总之，不论哪种栽植密度，每穴基本苗数以 3～4 棵为宜。穴苗数过多，容易出现夹心苗，不利于单株个体的良好发育。

（3）适宜密度与气候生态的关系

高纬度寒地稻作区，山涧冷凉田或低洼冷浸田栽培密度不宜过稀；适当增加穴数，依靠主穗增产，以利于达到稳产、优质、保收的目标。每 667 米^{2}应保证 2.2 万～2.5 万穴，每穴 4～6 苗为宜；因为密度太稀，靠增加分蘖达到要求的穗数，成熟期容易推迟，导致成熟不充分，致使稻米品质下降。

（4）适宜密度与管理水平的关系

稀播培育出秧苗素质好的壮秧是稀植的前提条件，精耕细作达到田间平坦是稀植的基础，做到科学的水肥管理是稀植的保证。高产优质栽培典型经验证实，采取稀播旱育带蘖壮秧，把每穴插植苗数减少到 2～3 苗，掌握最佳移植时期；稻田耕整地质量精细，田面平坦，实行浅湿干交替节水灌溉方式；运用合理经济施肥方法，插植密度为宽行超稀植，即 40 厘米×20 厘米，每 667 米^{2}只有 8 330 穴，每穴栽 3～4 苗，可以达到每 667 米^{2}产 600 千克；且不倒伏，不早衰，稻谷籽粒饱满，既优质又高产。相反，播种量大，稻苗长成"牛毛秧"，易感立枯病。移栽时，过多的增加插秧苗数，造成夹心苗，移栽后缓苗慢，浪费种子，增加了育苗成本。同时，在本田管理期间，为了促使秧苗加快生长，采取大水大肥催苗，多施肥促蘖。到后期，易发生倒伏和早衰，不但影响产量，而且稻米品质极差，验质等级下降，出米率低，整精米率更低，垩白面积增大，严重影响市场销售。

2. 确定优质栽培的适宜移栽期

在选择优质高产品种的基础上，根据当地气候条件，按照该品种全生育期所需要的积温量，确定最适移栽期。一般要求外界日平均气温稳定在 14℃左右，大于或等于 10℃以上，为适宜移栽期。

按照品种生育期的长短，在适宜移栽期的范围内，品种生育期长则应适当早栽，而生育期短的品种可以适当推迟移栽期。

移栽时间应看秧苗生长情况而定。如果秧苗素质好，可适当早栽或适期栽植；如果秧苗生育不良，秧苗素质很差，特别是发生青枯病，处于滞长状态的秧苗，不宜"带病下地"，而应该精心加强管理，因为秧苗在苗床里便于集中管理，使秧苗完全转为良好生长状态后再移栽。识别秧苗素质好坏的重要标准，首先要看根系，发出许多新根；其次看叶色，叶色转绿，心叶抽出，否则不适于过早移栽。

在外界气温适宜，秧苗已经达到移栽要求的标准，这时应全力以赴，集中时间缩短移栽期，在最佳移栽期内结束栽秧。这是确保优质、高产的关键。而北方稻区在水稻生育后期光照十分充足，昼夜温差大，对水稻缓慢灌浆和逐渐成熟，对优质米的形成非常有利。所以，北方粳米具有出米率及整精米率高，垩白度低，外观品质好，口感营养品质与加工品质均佳等优势。

3. 栽培密度对水稻群体及稻米品质的影响

（1）栽培密度与水稻群体生理的关系

①栽培密度与形式：简单地说，栽植密度以单位面积拥有穴数的多少来表示，也可以理解为栽培密植的程度，依据定性与定量的含义可以确定分级标准（表5-3）。

表5-3 不同密度分级参照标准

密　度	高密植	密植	稀植	超稀植	极稀植
穴数（每667米²，万）	2.8～3.3	2.2～2.5	1.1～1.5	0.83～0.95	0.53～0.76
行距×株距（厘米×厘米）	23×10 20×10	30×10 26×10	33×20 40×16 30×13 33×13	43×16 40×20 36×20	46×26 43×20 30×23

由表5-3可知，把密度分为五级，每级穴数不同，单位穴数多为密植，单位穴数少则为稀植；单位穴数过多则为高密植，穴数过少则为超稀植。

栽培形式是指单位穴数相同情况下，各穴在田里分布不同，行距与株距相互调节，使栽培密度仍保持不变或变化不大。例如行距30厘米，株距13厘米，即30厘米×13厘米，每667米²为1.67万穴；而行距与株距均20厘米，即20厘米×20厘米，每667米²同样接近为1.67万穴，两种形式的密度近于相等。但前者为宽行距窄株距即长方形，而后者行距与株距相等即正方形；再一个例子，行距40厘米，株距20厘米，即40厘米×20厘米，每667米²为0.833万穴；而行距30厘米，株距26厘米，即30厘米×26厘米，每667米²穴数亦为0.833万穴。前者宽行距窄株距为长方形，

后者为近似方形。

实践表明，宽行窄株距的栽培形式，有利于人们田间作业管理，通风透光也比较好。而行距与株距近于方形，不便于田间作业，通风透光不良，边行优势不明显。在北方，以南北行向为例，其日较差偏大，遮荫程度减小。所以，宽行表现出一定的优势，人们自然愿意采用宽行窄株距的栽培形式。这种宽行窄株距栽培形式正逐渐向南方扩展。

②不同密度形式对水稻生育的影响：一是不同密度形式对分蘖长消动态的影响。在水稻生育进程中，随分蘖逐渐增加，达到高峰期以后无效分蘖将日渐消逝。

二是对节间与茎秆生育的影响。研究表明，水稻行株距加宽则第一、第二节间缩短，其茎秆长度也有所变短，茎秆重量与长度比值增大，这表明茎秆充实度增强，有利于增强抗倒伏能力。其显著限度是：当行距宽度达到 40 厘米以上，株距加宽到 20 厘米以上时，节间距与秆长变化就不甚明显了。

三是对叶面积指数变化的影响。通过不同密度形式研究表明，宽行距与窄株距形式和行株距变化不大的栽培密度比较，前者的有效叶面积和高效叶面积比率好于后者；主要表现出中后期行间似封未封，通风透光性处于良好状态，其叶面积指数相对较大。即在相同密度条件下，适当加宽行距比加宽株距效果好，特别到后期其边际优势更强。

四是对地上部与地下部生育的影响。在水稻生育前期影响不明显，到了中后期表现差异明显。宽行距的地上部植株与地下根系干物重都明显增加；说明有利于根系向两侧和深度发展，可扩大吸收养分和水分的范围，从而使抗倒伏和抗旱能力增强。

③实行宽行栽培有利于改善田间小气候：一是有利于增加光辐射。经对不同密度形式、不同施肥水平、不同株型品种进行光辐射测定所得结果：高肥区光辐射最大，低肥区最小；株型紧凑的直立型品种耐肥性强，故在高肥条件下长势好，叶片竖立，受光好；从株距看，由密到稀呈上升趋势，以 20 厘米为最高限，过稀则叶片

开张角大，叶片散乱，加大遮光程度，反而呈下降趋势；而半紧凑型品种行距由窄变宽，由密变稀，光辐射呈上升规律。

二是光照度。不同施肥量和不同栽培密度条件，在水稻生育中后期于 7 月下旬至 9 月上旬分别进行田间光合强度测定，品种为直立紧凑型辽粳 326，密度 30 厘米×10 厘米、30 厘米×23 厘米。其光照度的趋势是：从透光率看，高肥区大于低肥区，稀植大于密植，中期大于后期；无论高肥还是低肥，株距 10～20 厘米呈上升趋势。当株距加宽到 23 厘米时，分蘖增加，叶片开角变大，叶片散乱，互相遮阴，故透光率降低。这同光辐射的趋势是完全一致的。透光率的高峰数值均在 30 厘米×20 厘米的密度上。随着水稻生育进程的推移，田间封行程度逐渐增大，这时透光率也随之相应下降。如于 7 月 27 日测定：高肥区透光率达 52%，低肥区为 31%。

三是净同化率。高肥区小于低肥区，各密度间变化均以 30 厘米×10 厘米最低，30 厘米×16 厘米及 30 厘米×20 厘米最高，30 厘米×23 厘米以上趋于下降。从二氧化碳浓度看，30 厘米×10 厘米最低，随株距加大其二氧化碳浓度随着增高，这与易通风有关。

四是温度和湿度的变化。行距与株距加大时叶温逐渐增高；湿度则相反，随着行株距的增大，其相对湿度下降。因为宽行通风透光良好，田间蒸发量大，故湿度下降。

④不同密度形式的水稻产量效应：适宜的栽植密度与形式最终表现在能获得高产优质上。从优质稻栽培要求，还要达到米质优良和最佳的经济效益。研究结果表明，在株距 10 厘米条件下，随着行距加宽，产量诸因素数值和产量相应提高。以 30 厘米×10 厘米为对照，667 米^{2}产量 533.0 千克，当行距改为 36 厘米、40 厘米及 43 厘米，其产量分别为 575.1 千克、599.4 千克及 575.4 千克，比对照分别增产 42.1 千克、66.4 千克及 42.4 千克，分别提高 7.9%、12.5%及 8.0%。

在稀植条件下，以 30 厘米×20 厘米为对照，随着行距的加宽其产量有所增加：30 厘米×20 厘米，每 667 米^{2}产量为 551.1 千

克；以其为对照，36 厘米×20 厘米为 582 千克，增产 30.9 千克，提高 5.6％；40 厘米×20 厘米为 581.6 千克，增产 30.5 千克，提高 5.5％；43 厘米×20 厘米为 562.7 千克，增产 11.6 千克，提高 2.1％。当行距由 30 厘米扩大到 43 厘米时，虽然产量只提高 2.1％，并不显著，但是单位移栽穴数每 667 米^{2}减少 0.336 万穴（减少率为 30.2％），节省插秧用工 1/3，还节省了 1/3 的稻种和秧苗，有利于降低生产成本。

不同密度形式对产量效应的研究结果表明，宽行稀植栽培是实现高产、优质、高效发展的方向。它和密植窄行距栽培相比较，主要是有利于克服常规高产栽培中存在的倒伏、病重与早衰三大弊端。特别是对稻米品质如整精米率、垩白度等项指标的影响非常明显。

(2) 不同密度形式与经济效益

不同栽培密度与栽培形式的经济效益分析表明，秧田利用率、种子及育苗成本、本田插秧用工等，对水稻产量和米质的影响，直接同经济效益相关联。从不同栽植行株距密度与形式上看，单位面积穴数、单位面积产量、经济系数、单位面积产值、投入费用、单位面积效益等 7 项因素的综合比较结果，宽行稀植的经济效益明显高于窄行密植；在单位穴数相同条件下，行距宽度不同其产量与效益有明显差异。行距 30 厘米为窄行，36～43 厘米宽行，以 30 厘米×10 厘米与 30 厘米×20 厘米相比较，每 667 米^{2}穴数由 2.22 万穴减少到 1.11 万穴，相差 1 倍，而产量由 533.0 千克增加到 584.0 千克，经济系数由 51.6％提高到 59.5％，产值由 586.3 元增加到 642.4 元，所投入的费用由 283 元减少到 268 元，其经济效益由 303.3 元增加到 374.4 元，增加 71.1 元。稻米的品质如糙米率、整精米率及垩白度均以宽行稀植优于窄行密植。

4. 适宜优质栽植方法

(1) 机械插秧与人工手插秧

在全层深施肥进行精细整平地的基础上，采用插秧前除草剂封闭 48 小时，机械插秧，将田面水层落到地皮水约 3 厘米以下，插秧的过程中速度要匀速，不宜过快，注意观察摆秧均匀，切不可断苗，3 天后要进行人工补苗。人工手插秧，为了节约用水，采取过水插秧，即边放水边插秧，全田水层在 3 厘米左右，按要求的行株距每穴插 3～4 苗，苗数不易过多，否则造成夹心苗；注意不要插得过深，影响分蘖，过浅容易漂苗，一般插秧不超过 3 厘米深。

（2）抛秧

采取钵盘育苗，当秧苗达到 3.5 叶期即可开始抛栽。为了保证抛栽作业质量，采取了多种抛栽方法：抛栽，把秧苗从抛秧盘取出来，用篓或盘装秧，人工在田间漫撒，向全田抛撒，田面保持地皮水，抛后 2～3 天，当秧苗扎根立后，再适当灌浅水养生，加速缓苗。摆秧，按要求宽度，人站在步道沟内向前摆放，畦宽 1～1.5 米，步道 20 厘米，畦面摆秧比较均匀。点栽，沿行向人工抓起秧苗向田面点抛，稍微用力，使秧苗土块向土壤打下，有利于扎根。

（3）带土旱移栽

在水源困难的地区，特别是距水源远、地势高、土壤渗漏量大的田块，不能及时供水灌溉插秧。为了确保农时季节，可以采取全旱整地，旱育苗，有隔离层的秧苗进行带土旱移栽，边栽边浇水保活苗。

旱栽整地方法有两种：一种是旋耕结合施底肥，按要求的行株距密度进行旱移栽；第二种是在上茬未翻地和未旋耕的原茬地行间用犁或人工开沟条施底肥，采取旱秧手摆培土浇水或全田灌一次活苗水。

（4）覆膜旱栽

对于春季灌水困难的地区，可提倡地膜覆盖，采取抢墒旱整地，覆盖地膜，按行距打孔，利用钵盘旱育苗，进行人工旱栽秧，浇水或灌一次水保活，即节水栽培。

（五）优质水稻栽培合理施肥

1. 肥料营养对水稻植株生育的影响

从水稻优质米角度对肥料营养的需求，应当确立两个基本观点：

一是确立全价营养的观点。水稻需要氮（N）、磷（P）、钾（K）、硅（Si）、钙（Ca）、镁（Mg）、硫（S）、铁（Fe）、锰（Mn）、锌（Zn）、钼（Mo）、铜（Cu）、硼（B）等。前7种因需要量大，故称为大量营养元素，后6种因需要量较小，称为微量营养元素。各种营养元素并重，实施养分平衡工程。

为了更好地掌握水稻优质栽培的施肥技术，现将水稻所需氮、磷、钾、硅四大元素，营养平衡诊断分级标准列入表5-4。

表5-4　四大元素营养平衡诊断分级标准

氮素营养水平 氨基氮含量（毫克/千克）	缺乏 100左右	低量 <50	正常 15～200	充足 >200	过剩 250
磷素营养水平 植株汁液含量（毫克/千克）	严重缺乏 <30	一般缺乏 30～60	可能缺乏 60～90	不缺乏 >90	
钾素营养水平 植株汁液含量（毫克/千克）	缺乏 <750	中等 1 000～2 000	充足 2 000～3 000	十分充足 >3 000	
硅素营养水平 土壤含量（SiO_2毫克/100克土） 茎秆含量（克）	缺乏 <10.5 <11.0	一般缺乏 10.5～13.0 11.0～13.0	不缺乏 >13 >13		

由表5-4可知，在确保水稻营养平衡的前提下，满足水稻对养分的需求，这是获得水稻优质的关键所在。

二是在水稻生育全过程确立比氮素更重要的、生育绝对需要的基本养分的观点。据分析，水稻植株干物重85%左右的原料养分是淀粉。淀粉是绿叶接受光能，从根系吸收水分和空气中的二氧化碳（CO_2）为原料合成的碳水化合物。由此可知，淀粉是水稻植株体的基本养分，而肥料养分主要是人们所重视的氮素，只不过3‰～1‰。在水稻的营养生长期每日以15‰～24‰的比率增加稻体的干物重；到了生殖生长期，直到开始出穗时，约每天每667米²可生产淀粉10～13.3千克，以充实稻米籽粒灌浆。

这里必须进一步明确一个问题：肥料不完全是水稻体内的有效养分，而由水稻自身通过光合作用得到的产物——淀粉，才是水稻生长发育绝对需要的主体养分。水稻根系吸收肥料中的氮素与淀粉生成氨基酸，由氨基酸再进一步合成生命物质的蛋白质。人们所供给的氮素越多，生成蛋白质及叶绿素合成的淀粉越多，促使植株加速生长，叶色变为浓绿。在分蘖期则分蘖数剧增，这就是过多施用氮素肥料容易引起徒长和增加无效分蘖的原由。

综上所述，从前期到中期为水稻提供充足的养分，使水稻形成足够的产量框架，为后期获得产量和提升稻米品质打下牢固基础。必须保证供给充足养分，但过多过少都不好。肥料特别是氮肥供给过量，反而消耗了水稻体内的淀粉，减少了体内养分的储备，对后期优质稻米的形成和蓄积是不利的。

2. 水稻体内养分平衡的调节对稻米品质的影响

实践证明，水稻中期之后到抽穗期体内氮素养分过多，导致体内养分失去平衡，将直接影响产量和稻米品质。

（1）氮素与淀粉相互保持平衡

水稻在出穗后，其体内所积蓄的淀粉差不多都转化为籽粒，这个时期淀粉生产越多结实越好，稻谷产量就越高，有利于形成品质佳食味优的稻米。

出穗前如果施氮过多，叶色浓绿，水稻体内淀粉被消耗氮素所浪费。未消化的氮素生成氨化物，破坏了体内养分平衡。由于淀粉不足使籽粒成熟活力下降，秕粒增加，谷粒灌浆不足，稻米的含氮量高造成食味下降。

（2）氮素不足对稻米品质的影响

水稻生育中期如果体内缺氮或氮素不足，根系吸收氮素满足不

了淀粉生产消耗的平衡，影响氨基酸的合成，造成植株叶绿素含量减少，光合作用削弱，使水稻茎细、株软、根弱，发育不良。为保持植株健康生长发育，生产淀粉与吸收氮素达到平衡，这是提高稻米食味的基础。

孕穗期不宜施氮过多，开花受精后形成胚乳细胞，如果氮素吸收过多，稻米的蛋白质含量增高，一是增加直链淀粉，二是过多的氮素生成了氨化物使稻米食味变劣。

出穗时叶色可以略微褪淡，从出穗到乳熟期半月左右，水稻体内蓄积的养分向籽粒转运，叶片易加速老化。在此之前应适当施足粒肥，防止早衰，有利于保持籽粒饱满，减少垩白面积，提高糙米率和整精米率。

3. 调节营养防早衰是稻米优质的关键

（1）保持良好的水稻群体受光态势

优质水稻施肥的基本原则：平稳促进，促控结合。基肥施用量不宜过大，防止发棵过旺，过早封行。在施足有机肥的基础上，尽量减少化肥特别是氮肥的施用量，使叶片经常保持挺立，防止叶片下披。如果叶片开张角度过大，甚至下垂，应严格控制水肥供给。这样，可以保持良好的群体受光态势，有利于稻体保持较强的活力。

（2）保持稻根新壮

水稻根系的功能是吸收养分、水分，支撑稻体，是维持水稻生命活力和进行光合作用之本。通过根系首先吸收养分和水分，然后运送到茎叶中通过光合作用生产淀粉，为后期形成稻谷籽实创造物质条件。

掌握科学的施肥方法，应特别强调的是控制氮肥用量。施氮过多对根系损害也就越大。保持稻田土壤肥、水、气、热协调的生育环境，使水稻根系始终呈现新壮、生理机能旺盛的状态，这是防止水稻早衰和减轻倒伏的重要环节。

（3）保持生育后期的功能叶片

水稻田间群体冠层结构，上、中、下层叶片的合理分布直接影响到光合生产率。生育前期如果植株叶片过度繁茂，其光合生产率必然下降；到了中期，如果过早封行，造成郁蔽，势必引起下层叶片早枯，这就直接影响有效穗数，同时还影响根系活力。后期如何保持顶部有 3 片功能叶十分重要。据研究表明，生育后期保持 3 片顶叶，从产量看，可以达到预期的高产目标，而每减少 1 片功能叶，会使产量降低 15％～25％；从稻谷品质看，将直接影响籽粒饱满度，使千粒重减轻，糙米率下降；同时米质下降，食味差，透明度差，垩白面积和碎米增加等。

采取深入田间观察，发现叶色落淡，明显脱氮，应及时少量补施氮肥，也可以配合施用磷钾肥和其他速效叶面肥。

4. 合理经济施肥方法

（1）优质水稻基肥的施用

①增施优质有机肥：从长远看，重视施用有机肥，把稻田土壤培养成肥沃的土质是十分重要的。无论是农家积攒的牲畜圈粪、各种沤制的堆厩肥、稻草过圈还田，还是沟塘、泥坑的淤泥等，每 667 米² 施 3 000 千克左右，可以提高土壤有机质含量，增强地力，使土壤结构更加疏松。这种改变土壤板结的方法，可使土壤通透性得到改善，有利于水稻根系生长发育。

从改善稻米品质看，有机肥所含有较丰富的养分，有利于提高稻米品质，特别是优质农家肥如猪粪、鸡粪、人粪和油粕等。因为优质农家肥除含丰富氮、磷、钾等营养元素以外，主要含有中、微量营养元素。一方面使土壤得到充分培肥，另一方面可以满足水稻全生育期所需多种养分，尤其在水稻生育后期子实充实期，能够平稳地获得籽粒成熟过程必需的各种营养成分。

②严格掌握化肥施用量：优质水稻栽培与一般高产栽培一个重要的不同点，就是要严格掌握全生育期对化肥的施用量，特别是限制氮素化肥用量，同时减少基肥施用量，以常规高产栽培施肥量的60％为宜。还有另一个原因，北方前期气温偏低，水稻生育略微缓

慢，根系发育还不够健全，吸收力较弱，施肥量过大，也有所浪费。

通常情况下，前期土壤发苗较好，上等地力，施用量以硫酸铵为标准，每 667 米² 施 12.5～15 千克或尿素 7.5～8.0 千克，过磷酸钙 30～40 千克，氯化钾 8～10 千克，硅肥 15 千克。

（2）优质水稻追肥要平稳促进

为了正确指导水稻施肥，必须按照水稻各生育期对养分的需求，分期施用。水稻各生育期对养分的需求见表 5-5。

表 5-5　水稻各生育期对养分的需求

养分	需求量（千克） 生育期（天）	分蘖期 移栽—幼分前 (44)	孕穗期 幼穗分化—抽穗 (35)	结实期 抽穗—成熟 (48)
氮 (N)	吸收量（每 667 米²）	3.43	4.42	1.51
	吸收强度（每 667 米²，克/日）	156	253	63
磷 (P_2O_5)	吸收量（每 667 米²）	1.31	2.59	1.94
	吸收强度（每 667 米²，克/日）	59	148	81
钾 (K_2O)	吸收量（每 667 米²）	6.44	8.35	—
	形式强度（每 667 米²，克/日）	293	477	—
硅 (SiO_2)	吸收量（%）	11.2	24.4	23.7

从表 5-5 可见，以本田从移栽到成熟 127 天计算，从前期、中期到后期三个阶段对四大元素的需求，可以进行合理施肥。

①前期追肥：从移栽返青到分蘖够苗，为水稻生育前期。这个期间约从 5 月中旬至 6 月下旬，稀植或生育期较长的气候生态区有效分蘖期还可以延迟到 7 月上旬，本着看苗施肥的原则，追肥 1～2 次。在移栽后 7～10 天，结合施用除草剂每 667 米² 施用碳酸氢铵 12.5 千克（如果底肥施化肥，可不施），等到水稻返青后 10～15 天，见到分蘖时再施，每 667 米² 施氯化铵 10 千克或尿素 8 千克。根据稻苗长势，于分蘖中期再追一次找平肥，每 667 米² 施碳酸氢铵 10 千克或氯化铵 8 千克、尿素

6.5千克。

②中期追肥：从水稻分蘖中期到幼穗分化期，即到出穗前25天之间，称为水稻生育中期。这个期间约从6月底到7月上旬，稀植或偏南部地区延迟到7月中旬，是穗形成和籽粒发育的基础期。经过控制无效分蘖，使水稻所形成的养分向茎秆和基部转运、贮备，供给水稻幼穗分化所需。这时水稻的长相应当是叶片色泽由深绿逐渐转淡，叶片呈现挺立姿态。每667米^{2}追施尿素8～12千克或碳酸氢铵18～20千克、氯化铵14～16千克（此为保蘖肥，又称接力肥）。

水稻生育中期保证供给足够养分，有利于水稻由营养生长向生殖生长转换，是最后第五片功能叶形成的重要时期，其中下部第四、第五叶生产淀粉供给根部，保持根系活力，直接影响后期产量和米质及食味。中期追肥既不可缺又不可过，特别在出穗前8天以后的孕穗期，只要不过分脱肥或叶色不过分褪淡，应停止追肥。确保茎基部节间形成、伸长，达到充实粗壮，株型好，受光好，基部坚固抗倒。

③后期追肥：水稻生育前期以促进发棵生长和增蘖为主，生育中期以促进健康生育与壮秆健根为主，生育后期以促进籽粒增重和完全成熟为主，最后达到高产和优质这个目标。生育后期自出穗到成熟时期，大约从8月上旬到9月下旬，45～50天。南部稻区最迟到10月上旬成熟。

后期追肥仍要坚持看长相和天气而定。出穗前叶片已落黄，天气晴好，可以适当少施追肥，一般每667米^{2}施尿素3.5～4千克或碳酸氢铵7～8千克，磷酸二铵4～5千克，也可以喷施磷酸二氢钾1.5～2千克。

重视后期磷肥、镁肥的施用，对保证籽粒饱满、改善稻米品质、促进早熟均具有良好效果。粒肥施用是提高米质和促进成熟的重要环节。因为食味良好的稻米受结实期籽粒充分成熟程度所影响，后期能使功能叶片保持旺盛机能更为重要。所以，掌握科学施用粒肥对培育优质稻米有着非常重要的作用。恰到好处地施用粒

肥，一是叶色落淡，株型开张，剑叶挺直，行间清晰，田间受光态势好，底脚清爽，可以施粒肥；二是前期多肥，中期过分繁茂，叶色浓绿，受光态势差，有贪青晚熟现象，无效分蘖多，底脚不清，不适于施粒肥。

5. 水稻适时氮肥管理技术

在水稻分蘖期、幼穗分化期、齐穗期追施氮肥，应根据所处生育期测定叶片的叶绿素含量（SPAD）与给定的阈值做比较来确定相应施用量，称为适时氮肥管理技术（Real-time N management, RNM）。通过此法，氮肥施用量明显降低，与常规法相比可减少20%以上，氮肥利用率明显提高，而产量增加。减少氮肥用量，农民投入也相应减少，综合经济效益增加，而且降低了土壤和水质的污染，生态环境得到有效改善，增强了水稻生产的可持续发展。实时氮肥管理技术（RNM）详见表 5-6。

表 5-6　RNM 处理的氮肥施用方式（以 667 米^{2}计）

时　期	移栽后天数	施用比例	施用标 N 量 千克	SPAD 值 （叶片叶绿素含量）
基肥	−1	35%	25	
分蘖期（MT）	15～20	40%	25±5	*
幼分期（PI）	30～45	15%	10±2	*
齐穗期	50～60	10%	0 或者 8	* *
总量		100%	53～75	

* 在 MT 时，如果 SPAD＞39，667 米^{2}追施 20 千克标 N；37＜SPAD＜39，追施 25 千克标 N；如果 SPAD＜37，追施 30 千克标 N。

* 在 PI，如果 SPAD＞39，667 米^{2}追施 8 千克 N；37＜SPAD＜39，追施 10 千克标 N；如果 SPAD＜37，追施 12 千克标 N。

* 在齐穗期，季节合适的话，如果 SPAD＜39，667 米^{2}应追施标 N8 千克。否则，不需要施用 N 肥。

注：施肥时 SPAD 值测定倒二叶叶绿素含量相对值，测定方法见以下面调查内容，测 5 个叶片取平均 SAPD 值，与给出的阈值进行比较，确定施肥量；标 N 指硫酸铵。

（六）优质水稻科学灌溉

1. 灌溉水质标准

水质是影响稻米品质的先决因素，污染的水质导致米质变劣，优质水稻科学灌溉的首要前提就是解决灌溉水质问题。

（1）水质污染的途径及其危害

①水质污染的途径：一是库水的污染。要重视水库上游水的源头遭污染，凡是水库上游生态保护措施良好，不搞污染性工业，彻底杜绝污染源，使库水保持纯净，向优质水稻提供无污染的灌溉水，确保稻米真正成为绿色大米。

二是地下水污染。这是难度较大难以控制的严重问题。特别位于一些城市集中和工业群地区，因为大量排放带有重金属及各种有毒废液，下渗到地下水层之后，使地下水体遭到严重污染。人们提取灌田，造成灌溉污染，直接污染水稻，使稻米品质变劣，增加含毒物质超过规定的指标。轻者影响米质食味，重者失去食用价值。例如辽宁沈阳市于洪区张士乡，由于污水中含有重金属镉超过规定指标，对人体产生毒害，无法种植水稻。

三是稻区生产过程造成的自身污染。水稻田长期过量施用氮素化肥，使土壤水体亚硝酸盐含量剧增；大量使用有剧毒的化学农药，严重污染水质，使灌溉水污染加重。尤其中、下游稻区受污染的程度更加厉害，不仅使稻米品质变劣，而且严重影响了人畜饮水和各种生物群的正常繁衍；在施肥过程中，对有机肥缺乏合理处理，使稻田甲烷（沼气）增加，也应引起足够重视。

四是来自空气的环境污染。特别是靠近有关工业城区，发生有毒烟雾或酸雨，直接危害当地水稻等生产。

②水质污染的危害：一是直接影响水稻正常生长发育。污水灌溉比较普遍的表现，使水稻滞长、死苗、影响分蘖或变成畸形，严重时使水稻不能抽穗或贪青晚熟、发生倒伏。

二是影响水稻米质。特别是食味品质变劣，严重的会使稻米有

毒物质含量超标，不能食用。由于水质被污染，使水稻不能正常生长发育和成熟，也影响了稻谷加工品质，影响稻米品质指标，青米、死米率高，整精米率降低，垩白面积增大，卫生品质和食味变差。

（2）水质污染的防除措施

主要应防止水质污染源扩散。首先是选择无污染水灌溉条件的地方种植优质水稻，建立优质水稻栽培基地。第二，在污水排放口处安装净水装置。湖南智能达有限公司研究发明了"Z氏法"，采用先进的纳米级材料对通用的污水处理净水剂、紧凝剂和无菌消毒剂加以物化改进，从而形成多元复合新型水处理剂，配合成套使用设计新颖的实用污水处理净化器和沉降器，不仅处理城市污水和工业废水的效果好，而且比国际通用的生物化学水污水处理技术节省工程投资和用地 50% 左右，降低费用 40% 左右，无二次污染。第三，实施优质水稻节水灌溉工程。我国是世界水资源缺乏的国家之一，国内灌溉用水利用系数仅为 0.3～0.4，远低于发达国家 0.7～0.9 的标准。先进灌溉覆盖率不足 10%，吨粮耗水 1 330 米^3，比发达国家高 300～400 米^3。近些年来，许多地区正在进行节水灌溉新技术，使之系统化、配套化、工程化，大力兴办节水灌溉综合实验基地和示范工程。辽宁省海城市新台子镇和西柳镇在万亩优质水稻栽培示范区里建立了微机操作管理的田间自动管灌网络工程，不用人工手持铁锹一个田格一个田格放水，可以定时定量进行灌水。

（3）优质水稻灌溉水质标准

有关灌溉水质国家已颁布了有关标准（表3-2）。对灌溉水质污染所含有毒物，不仅水稻吸收后使稻米含有毒物，而且使受污水灌溉的稻田土壤变成了有毒土壤，由于土壤被污染对今后水稻生产及稻米品质产生不良后果，严格掌握和认真执行灌溉水质标准，对现实水稻优质高产具有重要的意义。

2. 灌溉渠系建设

（1）灌溉渠系设置

①库水灌溉渠系：在稻田灌溉供水渠系中，库水渠系级别最

多，从水库渠首算起，有干渠、支渠、斗渠、农渠、毛渠等5级供水系统。为了做好供水管理，由水库渠首通过干渠供给灌溉管理区（简称灌区），经过灌区一级配水专门机构向各用水单位进行计划配水。灌区设立支渠和斗渠两级管理人员，由这两级人员与需水单位的乡（镇、场）、村两级相衔接，具体下达供水分配指标和供水时间，乡、村两级则按照本地区所管辖的种稻农户用水单位根据农时季节作业要求提出或安排需水计划，确保灌溉用水及时供给。

大型灌区标准五级渠系布置见图5-3。

灌排渠系的设计布置应注意以下几点：第一，灌排渠系布置要和林、路相结合；第二，灌溉渠系与排水渠系可以相邻排列，即可节省占地面积，也可相间排列，还可以相邻与相间结合排列；第三，灌水系统高于地面，排水系统低于地面，渠系规格：干＞支＞斗＞农＞毛；第四，格田以长×宽为 20 米×35.3 米为宜，每个格田 667 米^2。

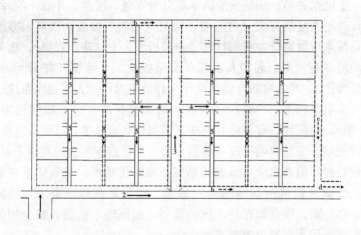

图5-3　灌排渠系平面示意图

实线：5级灌水渠系，1.灌干　2.灌支　3.灌斗　4.灌农　5.灌毛

虚线：4级排水渠系，a.排毛　b.排农　c.排斗　d.排支

②河水灌溉渠系：根据河水流量大小不同，确定设置抽水泵站规模。大江大河设二、三级抽水站，相当于大、中型水库供水量，

所设渠道级别与水库渠系相接近。水库和河流供水一般采取自流灌溉方式，把水直接输送到需水用户或单位。

③井水灌溉渠系：井水灌溉与河、库供水的最大区别在于输水距离较近，因此井水灌溉渠道短，一般只设两级供水渠系即可。为了提高地下水温度，有条件的地方增设晒水池或晒水场，或加宽和延长渠系，提高水温。

④污水灌溉渠系：为了开辟水源，将城市无毒害生活污水或经过净化处理允许用于灌溉的废水以及中、下游重复利用的回归水用作稻田灌溉，设置灌溉渠系引入稻田灌溉。具体做法：一是增设水质检测系统，必须经过水质化验检测，使各种有害物质不超过规定指标方可加以利用；二是与河、库水混合使用，严格掌握混合配比，一般是污水与河、库水为 $1:2\sim3$，防止直接单灌，造成污染或引起中毒。

（2）灌溉渠系种类和标准

①渠系种类：一是按灌溉水源分为库灌、河灌、井灌、河库混灌；二是按灌溉方式分为流灌、浇灌、喷灌、渗灌、滴灌、雾灌；三是按渠道材制分为水泥衬砌（一般指干、支、斗、农渠）、槽灌、板块灌（有水泥、硬塑及粉煤灰高缩板块）及管灌（有 U 形、V 形及圆形）；四是灌溉自动系统化全程微机操作、人工遥感系统。

②渠系标准：一是所用材料均有质量标准要求。如使用寿命（年限）、耐压性、有关标号；按渠级制作要求长度、厚度、宽度等设计规格。二是农用标准在参照交通、工业指标参数的基础上可适当放宽些，但要求价格低廉。第三，搞好优质水稻灌溉渠系规划。先从优质水稻示范基地的实施做起，按渠系高标准要求，使村、田、林、路、渠合理布局，统一规划，做到输水畅通，减少损失，提高灌溉用水的利用效率。

3. 灌溉水的作用

（1）灌溉水对稻田养分含量的影响

据化验测定表明，世界河水平均 $NH_4^+ - N$ 和 $NO_3^- - N$ 含量 1.0

毫克/米³，K 2.3 毫克/米³，SiO₂ 13.1 毫克/米³，Ca15 毫克/米³，Mg4.1 毫克/米³，SO_4^{2-} 11.2 毫克/米³，C17.8 毫克/米³，Na63 毫克/米³，CO_3^{2-} 28.3 毫克/米³，合计 155.8 毫克/米³。如果 667 米² 面积水稻田灌 700 米³水，相当于施入 N 素 0.7 千克，K1.6 千克，SiO₂ 9.15 千克，Ca10.5 千克，Mg2.85 千克，合计 24.8 千克的营养元素。

由此可见，灌溉水能够不断补充土壤养分，是维持和增加土壤肥力的一个途径，这与旱作相比也是一个优势；同时灌溉水也有利于土壤中养分的水解，提高其有效性。

(2) 灌溉水对稻田土壤温度的影响

由于不同来源的灌溉水水温有很大差异，对稻田土壤温度必然产生一定影响。一般水温对稻田土壤温度的影响程度从高到低的趋势是：库水＞河水＞井水。因为库水输送到田间距离远、时间长，水温逐渐升高，升高的幅度也较大；井水的温度与井的深度有关，一般深井水温偏低；河水、山涧泉水温度偏低。灌溉水与稻田土壤之间的温度差异，并没有单一的相关性。例如，井水温度低，灌到一般土壤，可降低土壤温度。与此相反，河水或库水温度高，灌到低洼冷浆田，则可使土壤增温。通常情况下，用井水灌溉使稻田土壤降低温度，对水稻生育有直接影响，尤其对稻米品质将产生不利影响。因此，优质水稻灌溉水必须讲究科学性。

(3) 灌溉水与稻田土壤类型的关系

从土壤持水性看，受土壤质地、有机质和结构状况的影响；土壤胀缩滞后特性影响持水性，主要被能量固定所产生，表现土壤水分吸收力降低时含水量不能回复到原来的量。从土壤类型和特性上看，低产田冷浸型，长期渍水，排水不畅，土温低，湿度大，缺乏养分，还原性物质过多，水稻生长不良。分为冷浸田和沤水田两种。湖泊沼泽、地势低洼、地下水位高、地表水汇集而受涝。长期渍水的沤水田，其特性有机质含量高，可达 10%～30%，质地黏壤至中黏壤，长期积水，土壤冷、浮、烂；冷浸田，全国有 266.7 万～400 万公顷，丘陵谷地洼田，水土温度低，比一般低 5～10℃，

冷泉冷水，其碳与氮之比大于 10，底土层高达 20％以上，包括烂泥田、冷水田、锈水田、鸭屎泥田等。

　　这一类土壤的灌溉如坚持传统的常规淹水灌溉，对栽培优质水稻是很不利的，严重影响米质。最突出的危害是水稻生育迟缓，成熟度不好，既影响米的加工品质、外观品质，又影响食味品质。因此，必须改善灌溉技术，以提高米质。

4. 优质水稻灌溉技术

　　实施水稻合理灌溉，首先应掌握水稻田间需水量，然后根据水稻需水要求和不同稻田土壤，采取科学的灌溉方法，以满足水稻高产、优质所需水分。

　　（1）水稻田间需水量

　　水稻田间需水量＝叶面积蒸腾量＋棵间蒸发量＋田间渗漏量

　　水稻叶面积蒸腾量以水稻蒸腾系数表示，水稻蒸腾系数用制造 1 克干物质所需要的蒸腾水量（克）来表示，以此作为水稻的生理需水量指标，并不是稻田实际需水量；棵间蒸发量是指水稻田间地表水分蒸发量，渗漏量是表示稻田灌溉水向地下渗漏的水量。以上三方面消耗水量之和就是水稻田间需水量。

　　依据水稻田间需水量科学地调节和确定稻田灌水量或灌溉定额，有利于计划供水，避免灌溉水的浪费。

　　（2）水稻需水要求

　　水稻一生中对水的需求，因不同生育阶段对水的需要有所不同；因品种不同、种植方式不同、土质不同对水的需要量也不同。

　　①水稻生理需水：水是维持水稻生命活动和正常生育的物质基础。水稻植株体内含水量约占总量的 75％以上，活体叶片所含水分 80％～95％，根部 70％～90％，成熟后的种子含水量约占干重的 14％～15％。

　　水稻生理需水是指水稻进行正常生长发育的生理活动过程中所必需的水分，通常用蒸腾系数表示，即水稻经过新陈代谢进行光合作用，每生产 1 克干物质所消耗的水量。不过，水稻生理需水并不完全高于其他作物，也就是说，水稻并不是生理需水最多的作物。其蒸腾系数一般为 395～635，南方略高。据测定，各种作物其蒸腾系数位次为：南瓜 834＞豌豆 788＞棉花 646＞马铃薯 636＞水稻 535＞小麦 513＞玉米 368＞高粱 322。由此可见，水稻生理需水仅高于小麦、玉米、高粱等，远低于南瓜、豌豆，也低于棉花和马铃薯。

水稻一生中有两个时期需水最少，是最抗旱的时期。一是苗期，特别是三叶期以前最耐旱，有利于旱育壮秧；二是水稻分蘖末期耐旱性最强，可适当晒田控长，抑制无效分蘖增加，促进根系深扎，并促使叶片养分转化为淀粉输送到茎秆予以贮备，有利于进行幼穗分化，向生殖生长转换。

水稻全生育期中也有两个时期是水分需求的敏感期。一是移栽后返青期，扎根、发棵和分蘖阶段不能缺水，以利于前期生长进程正常进行；二是幼穗分化到减数分裂期，特别是减数分裂期对水分最敏感，不能缺水，称为水分临界期。这段时间如发生干旱缺水对水稻生育影响最大，直接影响产量和品质。

②水稻生态需水：灌溉除满足水稻生理需水之外，也需要适当供给水稻生态需水，这部分水是用于调节水稻田间生长发育的环境用水，称为生态需水，主要包括水稻田面蒸发和稻田土壤渗漏部分。由于水资源紧缺，水稻栽培技术改进，如采用旱育苗带土移栽和钵盘育苗抛栽，与过去拔苗插秧相比，可以在插秧期不建立水层养生护秧，也可节省部分生态用水。

就北方稻区而言，水稻生育中、后期可不建立水层，以水层降温防止热风，调节扬花期田间湿度。从节水栽培角度看，水稻生态需水已经大为压缩或可以忽略不计了。

③水稻耕作需水：水稻在耕整地、施肥、施药等作业环节需要运用灌溉水予以配合，以达到应有效果。这部分水称为耕作需水。在水稻移栽前给予必要的平整地和栽插前实施除草药剂封闭、追肥、施药等，通过灌溉水来确保肥分溶解，减少肥害，以水形成土壤表层药膜，有利于增强施肥用药效果。

（3）优质水稻灌溉方法

由于栽培方法不同，灌溉方法各不相同。

①移栽水稻灌溉方法：移栽水稻（包括地膜覆盖旱移栽）灌溉总的要求是按照不同生育时期灵活调节灌溉水层。首先，划分生育期。生育前期，即营养生长期，包括移栽—返青期，分蘖期（包括有效分蘖期及无效分蘖期）；生育中期，即生殖生长期，包括幼穗分化—孕穗期；生育后期，即开花结实期，包括出穗开花—乳熟—蜡熟—完熟期。其次，水稻灌溉水层深度分为：浅水层1～3厘米，一般水层3～4厘米，深水层5厘米以上。第三，各生育期灌溉方法。前期的水管理：移栽—返青期，以浅为主，浅湿结合，盐碱地区保持浅水层；这个时期为确保水稻健壮生育，多积累淀粉，要注意根系活力和伸长；为了增强根的机能，使氮素吸收平衡，供给较多淀粉；为改善根围环境，使水、气、热协调，根系充分发挥其功能，获得充足氧气，排除和防止阻碍根系的有害物质产生，创造良好营养条件；如果土壤环境不利，根系机能受阻，活力下降，生长发育将受影响。移栽期水稻的根系或轻或重都会产生植伤，要恢复活力，最重要的是尽量提高返青期的水温和地温。分蘖期采取浅、湿、干交替间歇灌溉，分蘖末期为无效分蘖期，湿、干、晒，控制无效分蘖增加，促进根系深扎和叶茎营养转化。中期的水管理：幼穗分化至孕穗期，浅、湿结合，适当晾田，保证地面不能干田。后期出穗开花至灌浆期，浅、湿、干交替间歇灌溉，适当晾田，直到成熟收割前10～15天可断水，特别是盐碱地切不可断水过早。

②旱种水稻灌溉方法：旱种水稻分为旱田旱种（又称水稻旱作）与稻田旱种，旱田地膜覆盖旱种与稻田地膜覆盖旱种，旱种水管与旱种湿管，以及与小麦、玉米间套作等多种方式。

旱田种植多为抗旱抢墒播种，一般土壤含水量达到20％以上要求抓紧时机播种。如播种后查田测土含水率达不到稻种发芽出苗要求，应灌溉或浇足一次出苗水；当种子处于发芽状态时，千万不可浇灌，防止发生白芽现象，影响出苗。要等到幼芽顶土放青头时，如果田间发生干旱，可浇灌一次"青头水"。

旱种水稻可以全生育期不建立灌溉水层，实施无水层管理，实行浅湿交替，既不可缺水又不宜多水。特别对耐旱力很强的水稻品种，更适于湿润型栽培。

无论是稻田旱种水稻或旱种水管水稻，在灌溉环节中一定要掌握首次灌溉，坚持浅水缓灌，使根系逐渐适应，由旱生根生长逐步转向水生根生长。一些望天田，中期以后降水充足时，也应注意适当排水，增强通透性，促进根系健壮。

水稻中期以后气温逐渐升高，应特别注意施有机肥较多的稻田，由于有机物的分解，耕耙过细的田块因通气不良而发生还原反应，有机物异常分解，发生有害气体（如甲烷）和其他物质（如有机酸）伤害根系，叶色不好，生育不良。尤其高温天气，水温、地温高，引起根腐，植株下位叶片出现褐点型赤枯症状，叶片枯萎，生育停滞，一定要适时晒田晾田，不宜留灌溉水层。生育中期通过晒田、晾田是充实强化根系的重要手段，这个时期培育强壮根系为后期继续发出二次和三次分枝根打下良好基础，从而形成生育后期为稻穗和子实供给养分的成熟根系。

水稻后期水管理，即结实期水管理，采取湿润为主，干干湿湿的间歇灌水，有利于保护水稻上层根活力。与中期一样，不保持水层，以饱和水为标准，实行间歇灌溉管理；促使土壤通气性有一个良好的状态，有利于根系的代谢和伸长，一直到水稻完全成熟始终保持根系新壮。

稻田土壤水分状况的判断以土壤黑湿、脚窝有水的程度为标准。随气温降低，田间稻株较密，向土壤直接照射阳光减少，地表水分蒸发量下降，不易干田，灌水间隔时间较长，一般5～7天灌一次即可。

井灌区或山涧冷水更应减少灌水次数，防止地温上升困难。冷凉水宜早晨灌；适当更换水口，一般5～7天换一次，免得水口贪青迟熟。

后期的水管理，还应特别注意不要过早断水。要尽可能推迟撤

水期。水稻成熟后期因结实消耗营养过大和根系老化，使其吸收水分能力减弱；如土壤水分不足，影响吸收，难以保证籽粒饱满，对稻米品质影响很大。特别是人们容易发生错觉，表面看到稻穗已黄熟，但仔细看，穗子的中下部和底部籽粒还没完全成熟；如果过早撤水，直接影响千粒重，亦影响产量，更影响米质，一般要在全田完全黄熟，即收割前 10～15 天方可撤水。

（七）优质水稻病虫草害防治及防除

优质水稻栽培是在选用优质米品种的基础上，实施优质栽培及综合技术配套，优质栽培中关于病、虫、草害的防治与防除尤其重要。在优质水稻栽培中病、虫、草防治及防除所用的农药选择、使用时期、用量及方法等，与过去常规水稻栽培相比，要求更加严格，方法也有所不同。

1. 优质水稻栽培病虫草害防治及防除特点

一是在农药毒性方面，不使用对米质污染的剧毒药和强烈内吸性药；二是将稻米中最终残留量控制在最低量，不准超过规定标准；三是施药时期应严格掌握，不能在临近收割前用药，以免造成稻米含农药残留量超标；四是施药操作方法尽量采用有利于防止和减少污染及降低残留；五是在防治与防除对策上，首先要坚持预防为主、防重于治的方针，最大限度地控制和减少农药使用量，其次要早防早治早除，不要等到蔓延成灾之后再防，以免浪费药物，增加成本和污染。

2. 优质水稻栽培病虫草害防治及防除的对象和范围

（1）防治与防除的对象

优质水稻防治与防除的对象不仅是病害、虫害、草害，而且还有鸟害、鼠害和兽害及各种自然灾害（如低温冷害、风害、旱害等）、毒害、倒伏与早衰。

病害包括恶苗病、青枯病、立枯病、稻纹枯病、稻瘟病、稻曲病、白叶枯病、干尖线虫病、稻胡麻叶斑病、赤枯病及其他病害。

虫害包括稻潜叶蝇、稻负泥虫、稻水象甲、二化螟、黏虫、稻飞虱、稻纵卷叶螟、蝗虫。

稻田杂草种类繁多，按生态类型分为水生、旱生与半旱生杂草；按生育类型分为一年生和多年生杂草；按形态分为直立、匍匐、蔓生、宿根性杂草；杂稻、非本品种混杂异株稻及野生稻等均属杂草之列。

鼠害从苗期、后期抽穗到成熟阶段对水稻的危害十分严重。近年来有愈加扩展的趋势。据田间调查，苗期旱育苗，田鼠对苗床内稻种的食害，使成苗率降到70%以下；水稻抽穗后，从灌浆开始直到收割，在田间咬断稻穗，收割后到入场期间，一直不停地危害。

鸟兽害一般在山区、半山区及村落附近对水稻危害很普遍，有的地方明显影响稻谷产量和质量。

(2) 防治与防除的范围

从苗期到本田生育期，从拉运到脱谷，从加工到仓贮，在产前、产中及产后的全过程，对优质水稻生产来说，防治病、虫、鼠、鸟、兽害和防除杂草，每一个生产环节都不可忽视，这也是市场经济对优质水稻生产的严格要求。

3. 优质水稻栽培病虫草害防治及防除技术

(1) 病害

①水稻恶苗病：一是用2%～3%生石灰水浸种5～7天，捞出后用清水冲洗稻种；二是用35%恶苗灵0.6千克对水50千克浸种消毒；三是用浸种灵1瓶（2毫升）加水10千克搅拌均匀后浸种5～6千克，2～3天即可捞种，不必清洗。

②水稻立枯病：一是出苗后秧苗长到一叶一心期，及时早通风炼苗，增强抗病能力；二是应用壮秧剂或调酸剂把床土pH调到4～5，可抑制立枯病菌；三是在秧苗一叶一心期用灭枯灵500克，

109

对水 60～75 千克，喷苗床 30～40 米²；四是用敌克松 1 000 倍液，在一叶一心期每平方米喷 2 000～3 000 克；五是用育苗灵每瓶 500 克加水 100～150 千克稀释，喷浇苗床 40 米²，然后用少量清水洗一次苗即可。

③水稻干尖线虫病：一是种子调运注意疫区种子携带病菌；二是用盐酸液浸种，用 0.6％工业盐酸浸种 48 小时；三是温汤浸种，采用变温方法，先用冷水预浸 4 小时，转到 45～47℃温水中浸 5 分钟，再转到 52～54℃温水中浸 10 分钟，立即冷却；四是可用巴丹浸种，使用 90％巴丹对水 6 000 倍，浸种 72 小时；五是菌虫清浸种，用 17％菌虫清 20 克，对水 5 千克，浸 6 千克稻种；六是用杀虫双浸种，用 18％杀虫双 200 克，对水 50 千克，可浸种 40 千克，浸 48～72 小时即可。

④水稻白叶枯病：一是选用抗病品种，防止用大水大肥管理，促进水稻健壮生长，增强抗病力；二是用 25％可湿性粉剂或 15％胶悬剂在秧苗 3～4 叶期和移栽前各喷药一次，每 667 米²用可湿性粉剂 100～125 克或胶悬浮剂 150～230 毫升喷雾；三是叶枯净（又称杀枯净）10％可湿性粉剂每 667 米² 250 克，喷苗，因苗弱浓度可低些，以免发生药害；四是每 667 米²用 25％可湿性粉剂 175～200 克喷施；五是可用敌枯双 0.01％有效浓度，有效期 15～20 天，于秧苗 3 叶期和移栽前各打一次，即可控制病情漫延。

⑤水稻纹枯病：一是结合本田整耙地过程平地时打捞菌核，送到旱地深埋；二是用 5％井冈霉素每 667 米² 100 克对水 75～100 千克，于发病初期连喷 2～3 次；三是用 20％稻脚清可湿性粉剂每 667 米² 750～1 000 克，对水 75～125 千克，喷雾，或用稻丰灵 200～250 毫升对水 15 千克喷雾；四是采取浅、湿、干交替间断灌溉，可以减轻其危害。

⑥稻瘟病：一是选用抗病品种；二是用 50％稻瘟净乳剂每 667 米² 4 克对水 500 倍喷施；三是用 20％克瘟散粉剂每 667 米² 2.5～3 千克喷撒；四是用三环唑，叶瘟每 667 米²用 75％可湿性粉剂 16～20 克对水 60～75 升，穗颈瘟用 20～25 克对水 50～70 升，喷雾；

五是用富士 1 号杀菌剂每 667 米² 75 克或 75％比艳 20 克对水 35 千克喷雾；六是采取节水管理，适当晒田，适当减少氮肥用量，增施含硅复合肥，效果最佳。

⑦稻曲病：一是选用抗病品种；二是采用农艺综合管理措施，如后期少用氮肥，节水灌溉；三是用 18％多菌酮粉剂每 667 米² 150～200 克或 60％多菌酮 200 克；四是用络铵铜每 667 米² 300～350 克对水 15 千克，出穗前 5～7 天喷雾，也可用 5％井冈霉素粉剂每 667 米² 100～150 克对水喷雾。

⑧稻胡麻斑病：一是增施有机肥，增强地力，结合施用化肥，防止土壤严重脱肥；二是重视施用硅素化肥，据国内外资料报道，土壤严重缺硅引起稻胡麻斑病加重；三是土壤严重缺水而发生旱害，这也是稻胡麻斑病发生原因，要及时补水，防止土壤水分亏缺；四是用 40％克瘟散 500 倍液喷洒，效果最好。

⑨稻赤枯病：一是使用全价营养元素肥料，特别是施钾、锌、硅肥。据调查，近几年来，由于重施氮肥，土壤严重缺钾、缺锌及硅元素，使水稻中后期发生赤枯病，而且有加重趋势，注意施复合肥，使这种病害明显减轻和消逝；二是注意浅、湿、干间断灌水，使土壤通透性改善，水稻健康生长，可防止赤枯病。

（2）虫害

①稻潜叶蝇：一是抓住苗期防治，在秧苗移栽前趁秧苗集中生长便于打药，最好当成虫未产卵之前防治，消灭成虫，同时清除周围越冬杂草；二是用 50％乐果乳油 800～1 000 倍液喷雾，防止秧苗将虫卵及幼虫随秧苗带到本田，当秧苗移栽返青后，幼虫潜伏稻叶内进行危害；三是水稻移栽后，注意观察稻叶，发现幼虫潜入叶片内舐食叶肉时要及时排水晒田灭蝇，免得转株危害。

②稻水象甲：一般于 6 月中、下旬飞往本田危害水稻并产卵，此时为防治成虫的最佳时机。用来福灵、速灭杀丁、敌杀死、氯杀威等药剂对防治成虫均有较好效果，采用常剂量防治，效果达 96.4％～100％。

③稻纵卷叶螟：一是适当稀植栽培，防止生长繁茂；二是施肥

量不宜过大，防止徒长使田间过度茂密和早封行；三是浅、湿、干交替间歇灌水，适当控制，保持水稻生长健壮，特别是中后期不使水稻茎叶柔嫩，给幼虫危害创造有利条件；四是用18％杀虫双每667米^{2}150～200克，或稻丰灵200～250克对水30～50千克喷施；五是释放赤眼蜂、喷杀螟杆菌等进行生物防治。

④稻飞虱：主要有褐飞虱、灰背飞虱及白背飞虱三种。危害水稻方式，一是吸取植株汁液和穗部汁液，使稻株枯萎致死和穗部籽粒不能灌浆变成空秕粒，减产5％～10％，严重时减产50％。

防治方法：一是平稳促进施肥，浅湿干交替灌溉，特别是中后期保持水稻生长健壮而不柔嫩，降低田间湿度，减少植株郁闭，预防稻飞虱为害；二是用40％氧化乐果每667米^{2}2 100克对水50千克喷雾，或用80％敌敌畏50克加40％氧化乐果50克对水50千克喷雾，也可用25％扑虱灵可湿性粉剂25～30克对水50千克喷雾。

⑤二化螟：又叫钻心虫，是危害水稻的主要害虫之一。在水稻分蘖期开始危害，可持续到中后期，钻入茎秆基部，咬食水稻生长点，使水稻发生枯心致死。

防治方法：一是结合耕整地消灭根茬内越冬幼虫，有条件也可结合早春灌溉进行消灭；二是用25％杀虫双水剂每667米^{2}150～200毫升喷雾，分蘖末期结合排水晒田拌土15千克撒施，或用90％晶体敌百虫对水800～1 000倍液喷雾；三是重施硅肥，使水稻茎秆坚硬，影响其幼虫钻心危害。

此外，注意稻田黏虫、蝗虫、稻螟蛉、稻负泥虫等虫害发生；一旦检查发现，应及时进行防治。

(3) 草害

①稻田杂草对水稻的影响：随着水稻栽培技术的不断改进与水平的提高，特别是北方稻区水资源严重匮乏，普遍推行了节水栽培，灌溉方法改变以往传统淹水栽培为间歇灌溉或无水层湿润灌溉栽培，稻田杂草生态环境也随着发生了改变。一些旱生、半旱生杂草逐年增多，稻田杂草群落更加复杂，全国约有200多种，对水稻危害严重的约有20余种，北方稻区约20科30种以上，因此对杂

草防除的对策和方法必然相应进行改变。其次，优质水稻栽培对农药的选择与使用要求更加严格，其中应以米质减少或无污染为前提，因为优质米对农药残留量有具体指标要求，不可超过标准规定，否则无法投入市场。第三，稻米生产必须考虑成本问题，在现实水稻生产中存在的突出问题是成本高，许多稻区农民增产不增收，杂草防除在水稻生产中占了很大的费用和工时（约占20%～40%）。在通常情况下，杂草的危害对水稻产量和米质影响极大，因杂草种类不同，危害程度也不同，以稻稗为例，如果苗期防除不彻底，携带到本田以后，夹到稻苗内，与稻苗同时生长，其根系吸收肥分多，严重影响水稻生长、分蘖和长穗，据调查减产10%～12%. 甚至40%。

②杂草主要种类及识别：

稗，一年生草本，丛生，秆粗壮，直立或广展，光滑无毛，高50～130厘米，无叶舌（图5-4）。

全国各地都有分布。适应性强，喜水湿，耐干旱，耐盐碱，喜温暖，亦能抗寒；繁殖力很强，一般每株稗可结籽1万多粒。成熟期比水稻早，水稻收割前，稗草种子已纷纷落地，次年大量萌生，对水稻产量影响很大，是危害水稻田最严重的杂草之一。

图5-4　稗

荆三棱，多年生草本，匍匐根状茎粗而长，顶端生球状块茎。秆高大粗壮，高70～150厘米，锐三棱形，平滑，具秆生叶。叶扁平，条形，宽5～10毫米。叶鞘很长。叶状苞片3～4，通常长于花序。长侧枝聚伞花序简单，

具3～8个辐射枝，最长达7厘米。每辐射枝有1～4小穗。小坚果倒卵形，三棱形，黄白色，夏季开花（图5-5）。

分布于我国黑龙江、吉林、辽宁、江苏、浙江、贵州、台湾等省，适生湖河浅水、水稻田中生长危害。

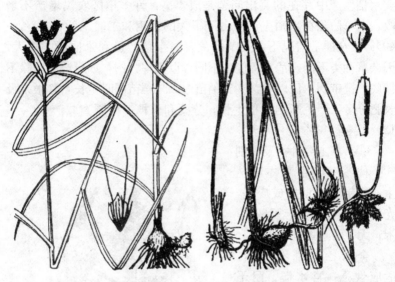

图5-5　荆三棱　　　　　　　图5-6　扁秆藨草

扁秆藨草，多年生草本，具纤细而坚韧的匍匐根状茎和块茎。秆高60～100厘米，三棱形，平滑，靠近花序部分粗糙，其秆生叶。叶扁平，宽2～5毫米，长叶鞘。顶端有缺刻状撕裂，有芒。小坚果宽倒卵形，扁，两面稍凹，长3～3.5毫米。夏季开花（图5-6）。

分布黑龙江、吉林、辽宁、内蒙古、山东、河北、河南、山西、青海、甘肃、江苏、浙江、云南等省、自治区。适生河、湖、水沟等浅水处；水稻田中常成片生长，有些地区危害严重。

水葱，多年生草本，匍匐根状茎粗壮，有许多须根。秆圆柱形，高1～2米，平滑。小坚果倒卵形或椭圆形，双凸状，少有三棱形，长约 2 毫米，黑色。夏季开花（图 5-7）。

分布我国黑龙江、吉林、辽宁、内蒙古、山西、陕西、甘肃、新疆、河北、江苏、贵州、四川、云南等省、自治区。适生湖边及浅水塘中，水稻田中也常见。

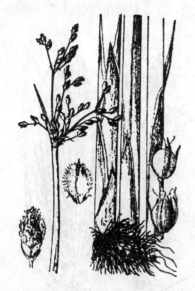

图 5-7 水 葱   图 5-8 萤 蔺

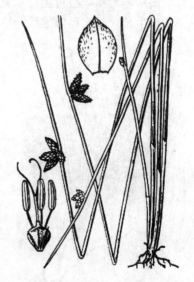

萤蔺，多年生草本，丛生，根状茎短，须根多。秆圆柱形，基部有 2～3 个鞘，鞘的开口处斜截形，无叶片。苞片 1，为秆的延长，直立，3～15 厘米。小穗 3～5 个聚集成头状，假侧生，卵形，长 6～10 毫米，棕色或淡棕色，多数花。小坚果倒卵形，平凸状，长约 2 毫米，成熟时黑褐色，具光泽。夏秋季开花（图 5-8）。

除内蒙古、甘肃、西藏外，全国各地均有分布。适生浅水、池塘、沼泽边缘及水稻田，为水田常见的一种杂草。

牛毛毡，又名牛毛草。多年生草本，匍匐根状茎线形。秆多数，细如发，密丛似牛毛毡，高 2～12 厘米，叶鳞片状，鞘膜质，微红色，管状。小穗单一顶生，卵形，稍扁，顶端钝，长约 3 毫米，淡紫色，花少数，所有鳞片全有花，鳞片膜质，在下部的少数鳞片近二列。小坚果狭矩圆形，无棱，淡黄色，表面具隆起的横矩形网纹。花柱基稍膨大，呈短尖状。夏秋季开花（图5-9）。

遍及全国各地，多生水稻田、池塘边及湿地。繁殖力很强，可由匍匐根状茎繁殖，也可由种子繁殖，在生长繁茂的情况下，严重危害水稻生长。为水稻田难除杂草之一。

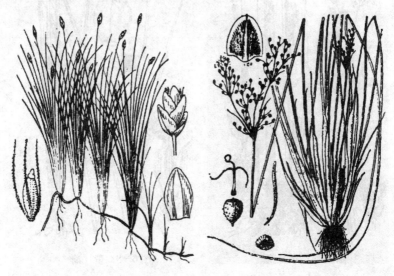

图5-9　牛毛毡　　　　　　图5-10　日照飘拂草

日照飘拂草，又名水虱草。一年生草本，整个植物体的基部扁平，分枝多向两侧发展。秆丛生，10～60厘米，扁四棱形。小坚果倒卵形，钝三棱形，长1毫米，黄褐色，具疣状突起和横矩圆形网纹，夏秋季开花（图5-10）。

许多稻区都有分布。适生水稻田，田边、沟边也有生长。为水田中极常见的杂草。

两歧飘拂草，又名飘拂草。一年生草本，秆丛生，高15～50厘米。叶狭条形，短于或等于秆长。鞘革质，上端近截形。夏季开花。

分布于云南、四川、广东、广西、福建、台湾、贵州、江苏、江西、浙江、河北、山东、山西、东北等省、自治区，危害水稻生长（图5-11）。

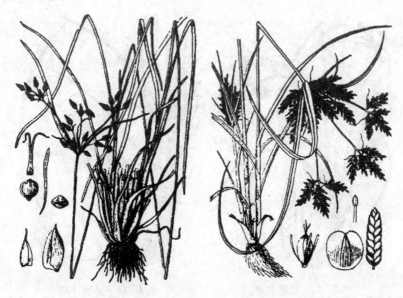

图5-11　两歧飘拂草　　　　图5-12　碎米莎草

碎米莎草，一年生草本，长须根。秆丛生，高8～85厘米，扁三棱形，基部有少数叶。叶短于秆，宽2～5毫米。叶鞘红褐色。小坚果倒卵形或椭圆形，三棱形，与鳞片等长，褐色，有密的微突起细点。夏秋季开花（图5-12）。

分布于全国各省、自治区。适生湿润环境，稍耐旱。常见于水稻田及田边、旱作物地，华南地区常见与异型莎草生长在一起，危害水稻等。

褐穗莎草，一年生草本。秆丛生，细弱，高6～30厘米，扁锐三棱形，平滑。叶短于或等于秆长，宽2～4毫米。小坚果椭圆形，三棱形，长约为鳞片2/3，淡黄色。花果期夏秋季（图5-13）。

分布于我国黑龙江、辽宁、河北、山西、陕西、甘肃、内蒙

古、新疆等省、自治区。多生于水稻田，常与异型莎草生长在一起，危害水稻生长。

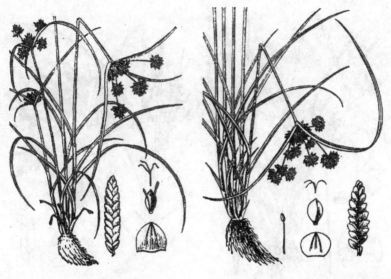

图 5-13　褐穗莎草　　　　　图 5-14　异型莎草

异型莎草，又名咸草球花蒲草。一年生草本，生长多而密的须根。秆丛生，高 2～65 厘米，扁三棱形，平滑。叶短于秆，宽 2～6 毫米，叶鞘稍长，褐色。小坚果倒卵状椭圆形，三棱形，几与鳞片等长，淡黄色。花果期夏秋季（图 5-14）。

分布于东北、河北、山西、陕西、甘肃、云南、四川、湖南、湖北、浙江、江苏、安徽、福建、广东、广西等省、自治区。适生水湿环境，为水稻田中常见杂草，种子数量极多，繁殖力强，常在稻田中成片生长，对水稻危害严重。

矮慈姑，一年生沼生草本。茎直立，圆形，高 10～18 厘米。叶全部基生，条形或条状披针形，长 4～18 厘米，宽 3～8 毫米，先端钝圆，两面无毛（图 5-15）。

遍及全国各省、自治区。适生浅水池塘、沼泽及水稻田，为稻田极常见杂草，生长密集的地方严重影响水稻生长。

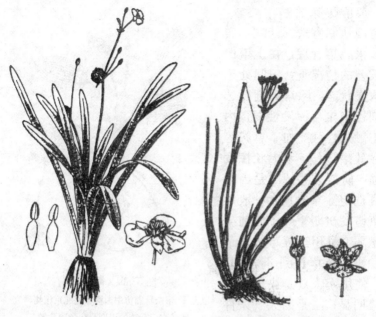

图 5-15　矮慈姑　　　　　图 5-16　花　蔺

　　花蔺，多年生直立水生草本，有强壮匍匐根状茎。叶长条形，长 30～120 厘米，宽 3～6 毫米，渐尖，基部三棱形，有鞘。伞形花序顶生，花序柄圆形，长可达 150 厘米。3 苞片，卵状披针形，长 2 厘米，宽 5 毫米（图 5-16）。

　　分布于我国东北、华东、华北、内蒙古等省、自治区。生于沼泽或浅水，水稻田常见。

　　眼子菜，多年生水生漂浮草本，茎较细长。浮水叶略带革质，阔披针形、披针状卵形或卵状椭圆形，长 4～7 厘米，宽 2～4 厘米，顶端渐尖或钝圆，在浅水中茎短，沉水叶少，深水中茎延长，沉水叶多。沉水叶条状披针形，顶端尖。叶柄长 6～10 厘米，半宿存，长 2～5 厘米（图 5-17）。总花梗较茎略粗，长 4～9 厘米。果实斜倒卵形，长 3～3.5 毫米，宽 2.5 毫米。

　　常生在池塘、河流浅水及稻田，为水稻常见杂草。

　　③杂草防除措施：

杂草防除的基本要求，一是因地制宜选择药剂，实行节水栽培管理，在土壤保水较差的情况下，田间处于无水层状态，除草药剂要选择剂性稳定，挥发性弱，内吸与触杀性强，如丁草胺等防除效果最佳，禾大壮挥发性强，防效较差；二是因草制宜选定除草时期，一般趁杂草萌发初期 1 叶 1 心前生长嫩弱，早用药灭草效果最佳，如果杂草长到 2～3 片叶，使用禾大壮、快杀稗效果最明显；三是因天气条件确定除草时间，如天气晴朗

图 5-17　眼子菜
（以上 13 幅杂草图仿中国科学院北京植物研究所《农田杂草的识别与化学防除》）

无风、气温 20℃ 以上是用药最佳时间，防治效果最好，如气温 30℃ 以上，用药量可适当减少，北方稻区一般在移栽前 2～3 天，在水平地的条件下，可用恶草灵等进行田间封闭，也可以在移栽后 7 天左右施用药剂防除。

杂草防除方法：稗草是稻田一年生危害最重的杂草，吸收氮肥比水稻高 45％，稗草与水稻共生时间越长，水稻减产越重，共生 15～20 天减产 8％，共生 35～40 天减产 20％，共生 50 天以上减产 30％。防除方法一是精选稻种和苗田除净；二是用 60％ 丁草胺每 667 米² 施 150～200 克；本田用毒土法撒施，用 20％ 敌稗每 667 米² 1 千克在稗草 1 叶期喷雾，或用 50％ 快杀稗每 667 米² 26～52 克毒土撒施，保持地皮水或排干田间水喷雾。

眼子菜是稻田危害严重的宿根性杂草，生长蔓延全田遮盖水面，影响水温，直接影响水稻穗粒重。可用 25％ 西草净每 667 米² 125～150 克，幼叶转绿时毒土法施用，防效最好，也可用 10％ 农

得时每 667 米² 用药 15 克毒土法施用。

狼把草在稻田无水状态下最容易生长，可用 48% 苯达松每 667 米² 200 克喷雾，也可用 56% 二甲四氯原粉 50 克与 48% 苯达松 100 毫克喷雾，在稻田无水层状态下施药，1～2 天后再灌水。

4. 化学节水剂和化学调控技术的应用

（1）化学节水剂的应用

①化学节水剂的应用效果：我国从"八五"到"九五"期间在黄淮海和东北、华北及西北主要稻区进行化学节水技术应用试验、示范和推广工作，取得了明显增产效果。主要有保水种衣剂、水分抑制蒸腾剂和土壤保墒剂，称为"新三剂"。在干旱缺水和干热风条件下，尤其在水稻生育期水分临界期应用，能显著发挥其抗旱保产作用。一般比对照增产 12%～15%，即使在正常年景下也可增产 10% 左右，而且效果稳定。获得效益是投入成本的 10～20 倍，甚至更高。

②化学节水剂的应用技术：

保水剂：是一种新型的有机高分子聚合物。其作用特点：一是强力吸水。由于它具有特殊的结构和对水有很强的亲合能力，吸收水分后使本身溶胀比原来大 40～1 000 倍的体积，最高能达到 5 000 倍。二是快速吸水。据测定吸水速度，在 3 分钟内吸收的水分可达到饱和吸水 580 倍，其中有 2/3 的吸水是在 1 分钟内完成的。三是高度保水。由于保水剂的特殊结构和作用特点，使所吸收的水分能有高度的保持能力，即使在加压也不轻易失水。四是缓慢释放水分。保水剂的吸水和释水在一定条件下是互为可逆的。在环境水少的情况下，会逐渐将水分释放出来。五是长期供水。保水剂所吸附的水分 85%～90% 是自由水，能被水稻吸收利用。

保水剂的作用在于吸水保水，提高水稻种子发芽保苗率和移栽秧苗成活率；调节土壤水分和改善土壤结构；增强土壤蓄水和保水能力；可长期持续供水，提高水分利用效率。

保水剂的使用方法一是种子包衣，采取种子表面涂层，形成保

水剂水凝胶保护膜配制法，按保水剂重量百分比浓度配制，保水剂：水＝1：100，即1千克保水剂加100千克水所配制的浓度为1％。一般种子适宜重量百分比浓度多在0.5％～2％；也可按种子重量配比进行配制，种子：保水剂：水＝100：1：50～200，即100千克种子用1千克保水剂，加50～200千克水；二是根部涂层或蘸根保护，用于移栽秧苗，使保水剂吸附在秧根上，抗旱栽秧效果最好，有利于缓苗成活，加速生根发棵和生长。

抗旱型种子复合包衣剂：这是保水剂处理种子的新发展，具有抗旱保水功能，集高吸水性树脂、植物生长调节剂、微量元素及稀土微肥和农药等多种功术于一身，更便于稻农操作使用。其配比为包衣剂：种子＝1：10，即用1千克包衣剂与10千克稻种拌匀后稍加晾晒，使稻种外表形成衣膜，即可播种，最适于水稻旱种和地膜覆盖栽培应用。

钙-赤合剂：钙-赤合剂（可以Ca-GA表示）是氯化钙和赤霉素合剂的简称，用于稻种处理，主要功能是增强抗旱性，提高水稻种子和秧苗对水分的利用效率。配制方法：用5克赤霉素（又叫九二〇）加入200千克氯化钙溶液中，浓度为0.5％。拌种方法：种子：Ca-GA＝100：10，即50千克稻种加5千克Ca-GA合剂拌匀，堆闷6～12小时，摊开晾干后即可播种。

水分蒸发抑制剂：水库的水面可使用这种抑制蒸发剂，减少库面水分蒸发。目前主要用单分子膜抑制剂，可使稻田水分减少蒸发。使用方法，用5～10克可以覆盖1 000米^{2}的水面。喷施，每667米^{2}用500克不太纯的单分子膜，先稀释10～30倍水溶液，喷洒到水面。也可以用纱布袋装好，放在入水口处，随水流作用飘浮到田里自行扩散成膜，抑制田间水分蒸发，起到抗旱节水的效果。

（2）化学调控技术的应用

①化学调控技术的应用效果：目前在水稻生产中普遍应用的植物生长调节剂有两种，一种是多效唑（MET），国际通用代号PP333，国内生产的产品以MET为代号，是一种高效、广谱的植

物生长调节剂。纯品为白色结晶体，难溶于水，易溶于有机溶剂（如酒精）中。它的理化性质稳定，是一种低毒性化学物质，施到土壤里无毒害影响，不会破坏生态平衡。在正常用量下每667米²20～30克纯品，于水稻苗期或分蘖期使用，无毒害作用，据测定，成熟的谷壳和糙米均无MET残留。

MET在土壤里垂直移动，残留时间较长，大部分集积在5～10厘米表土层，也是水稻根系密集的地方，容易被吸收。由于MET在土壤中移动和分解较缓慢，在土壤里存留时间较长，一般为3～12个月，如果是一季连作水稻，对下茬没多大影响，如果上茬水稻应用MET，其残留会使下茬蔬菜或其他旱作物产生一定滞长作用。

MET是一种较新型的植物生长延缓剂，具有延缓生长、杀菌、抑制杂草，抑制茎秆伸长、促进根系发达、增加分蘖，增强抗旱性和抗倒性，提高产量等作用。具体表现在：抑制生长点的顶端优势，使株高变矮，茎节缩短；促进分蘖增加，茎秆粗壮，叶色变深绿，有利于增强光合作用；促使水稻根系发达，吸收土壤深层水分，有利于抗旱；提高抗寒能力，增强耐盐碱能力；种子处理可防止恶苗病，本田施用对抑制杂草危害有明显效果。由于具有以上作用，所以能促进增产，据调查平均提高产量5.5%。

第二种是烯效唑（S-3307、S-07），中国水稻研究所研究结果表明，S-07是一种新型植物生长延缓物质，高效低残留，其控长效应一般是MET的8～10倍，在土壤里的残留量约为MET的1/3。烯效唑对水稻增穗、增粒作用明显，一般可增产6%～8%，对增加千粒重不明显。用烯效唑浸种处理，秧苗根系发达，分蘖快，分蘖高峰期提早4天，植株健壮，光合作用增强。从试验效果看，对恢复种子发芽率有显著作用，按1毫克/千克的浓度浸种，可提高发芽率10.4%。烯效唑对培育壮秧和促进增产具有明显的作用。比多效唑具有以下优点：使用更简便，效果更稳定，环境更安全，价格更低廉。

②化学调控技术的应用方法：

多效唑的应用方法：一是苗期应用。浸种，以高秆松散大穗型品种为例，使用浓度为 100 毫克/千克、200 毫克/千克、300 毫克/千克，对照，分别浸种 36 小时，从出苗率看，200 毫克/千克为 98%，比对照提高 8%，100 毫克/千克为 96%，比对照提高 6%，300 毫克/千克为 95%，比对照提高 5%，对照为 90%。可见，以 200 毫克/千克浓度浸种为宜。喷苗，为防止秧苗徒长和发生立枯病，在 2 叶 1 心或 3 叶 1 心期，在无水层条件下，用 15% MET 可湿性粉剂配制成 200 毫克/千克的浓度，对秧苗喷雾，经过 5～7 天后，秧苗矮壮，叶片宽而厚，叶色浓绿，根系发达，稀播种可很快见到分蘖。移栽到本田后缓苗速度快，低位分蘖增加，有效穗数增多。二是本田期应用。因品种施药，在高秆松散大穗型杂交稻上使用，分蘖高峰期每 667 米² 用 50～70 克拌土撒施，可降低株高、防止倒伏，有效穗数增加 14.6%，结实率提高 16.3%，千粒重增加 0.4 克，产量提高 12.4%；对分蘖力较弱的品种，在分蘖前期即移栽后 10～15 天每 667 米² 用 75～125 克拌细潮土 15 千克，在排干水层条件下均匀撒施，分蘖中后期每 667 米² 用药 75～100 克。

烯效唑的应用方法：主要是苗期用于浸种处理，用 1 千克水加烯效唑 50～70 毫克浸种 24 小时。由于烯效唑吸附能力与渗透力较强，浸种时间不必过长，仅 24 小时即可被种子吸附，作用快而时间短。据辽宁省农业科学院水稻研究所于 1998 年在杂交水稻新组合辽优 3225 上用烯效唑在分蘖期拌土 15 千克撒施，进行 3 次重复试验，结果见表 5-7。

表 5-7　烯效唑对水稻产量的影响（1998 年）

项目 每 667 米² 用量（克）	株高 （厘米）	穗数 （个/穴）	粒数 （个/穗）	结实率 （%）	每 667 米² 产量（千克）
20	111.9	14.4	158.4	81.9	713.2
25	110.8	14.7	156.3	81.5	724.7
30	108.7	14.6	149.6	82.7	697.3

（续）

项 目 每 667 米² 用量（克）	株高（厘米）	穗数（个/穴）	粒数（个/穗）	结实率（%）	每 667 米² 产量（千克）
35	105.2	15.0	139.6	80.6	654.1
对照（CK）	120.4	13.3	169.7	72.3	647.8

　　由表 5-7 可见，降低株高，每个用量均有效果，其中随用量增加，株高降低越加明显；从产量结构因素结果综合比较，以每 667 米²用量 20～25 克为宜，其中以 25 克最佳。

六、影响优质水稻米质的生理障碍

（一）北方稻区优质水稻常发生的生理障碍

优质稻米质品质直接受品种遗传因素、环境因子、栽培条件影响。优质水稻常发生的生理障碍，如倒伏、早衰、缺素症及谷米变性等，对稻米品质的影响极大。

1. 倒伏现象

倒伏是直接影响水稻高产和优质的一大障碍。这是优质水稻栽培必须解决的重要问题。

（1）倒伏发生的原因

外界环境因素：一是地形低洼、土质结构不良，通气性差，土性冷凉、锈水田、草炭（垫包土）及排水不畅的渍水田，水稻根系发育受阻等；二是气候湿度过大，高温引起徒长，雨量频多，低温寡照；三是遮阴地带，光照不足，外界气候骤变，如突发暴风骤雨袭击等。

品种特性：许多优质水稻品种本身抗倒能力很差，例如由日本引进的优质米品种屉锦、丰锦、千代锦等茎秆较软，与施肥、高产之间的矛盾很大，农民很难掌握。

栽培条件：水稻倒伏与水肥科学管理的关系非常密切。在水稻发生倒伏的原因当中，水肥管理不当，造成各部器官发育比例失调，可能是最主要和最普遍的原因，多由于水多肥大所引起。另外，施肥养分不全，特别是缺硅，也是倒伏不可忽视的原因。

（2）倒伏的危害

水稻发生倒伏，导致经济效益明显减少。尤其投入了大量的支出和辛劳之后，由于方法不善引起了倒伏现象的发生，使农民损失加大。不论倒伏现象发生早晚，都会带来一定损失。倒伏减产的幅度大小与倒伏发生早晚有关，越早，减产越重。一般减产损失二成左右，重者减收一半左右。对米质的影响更大，只要发生倒伏，稻谷和稻米品质等级下降，例如稻谷空秕率升高，出糙率、整精米率降低，垩白率上升，透明度下降，食味变差。

（3）倒伏的防止措施

①改善水稻生态环境条件，建立健全灌溉与排水系统，做到灌排畅通。改良土壤结构，增施有机肥，使土壤增强通透性，为水稻根系生长发育创造良好的环境条件。

②讲究栽培方法。一是栽植密度不宜过大，应根据品种株型和株高适当加宽行距，合理稀植；二是科学施肥，特别是氮肥用量要严格控制，不要用量过多，注意配方施肥，增施硅肥；三是实行节水灌溉，进行浅、湿、干交替，间歇灌溉。水稻进入封行以后要坚持后水不见前水，干干湿湿的湿润管理，并结合晾晒田，加强土壤通气性，使根系活力增强。

2. 早衰现象

在一般情况下，水稻前期生育过旺，到了后期就会发生早衰，在水稻成熟之前发生植株生育机能衰落，根系吸收能力减弱，茎秆及叶片提前发生枯萎，影响穗粒灌浆成熟，籽粒不饱满，千粒重下降，米质变劣。

（1）早衰发生的原因

水稻发生早衰原因很复杂，主因还不清楚。一般认为与品种有关系，有的品种不抗早衰，到了生长后期成熟之前就发生早衰现象。除此之外，主要有以下原因：一是土壤排水不畅，通透性差，根系活力减退，提早衰亡，严重影响吸收水分和养分，使茎秆不能

获得正常的水分与养分供应，造成植株早期衰败，叶片枯萎；二是前期施用氮肥过量，植株加速生长，新陈代谢过旺，全株各部器官失调，生理机能衰竭；三是土壤中积累了各种有毒物质，如还原性铁、锰离子造成根部中毒，引起植株早衰。

（2）早衰对优质水稻的危害

稻米品质的好坏除了品种特性之外，与水稻生育后期成熟阶段所处的条件有着密切关系。也就是说，水稻从灌浆到完全成熟期间，应该满足各项要求，如光照、温度、水分、养分、氧气等诸因素协调一致，使水稻谷粒发育正常，有利于稻米优良品质形成。否则，如果土壤环境不良，根系生长失去活力，导致水稻早衰之后，稻谷成熟度差，直接降低优质米各项指标，例如腹白、心白变大，糙米率与整精米率下降，透明度变差，食味不佳。

（3）早衰的防止措施

由于早衰现象与倒伏现象不同，倒伏是由水稻本身内在因素与外部因素共同作用的结果，而早衰主要由内外原因互相作用，最终通过内在原因而引起的，在防止对策上也有所不同。首先，创造良好的土壤环境，使水稻根系在全生育期特别是后期始终处于水、肥、气、热互相协调的条件下，保持新壮；其次，严格控制氮素肥料过量施用，防止发生过旺生长；第三，后期注意晒田晾田，既不要经常保持水层，也不要过早断水，防止发生土壤水分亏缺，引起水稻生理干旱，反而加剧早衰现象的发生。

3. 缺素症

在水稻生长发育过程中，由于满足不了对各种营养元素的需求，因缺乏某一种或数种元素所引起的生长不良现象，叫做缺素症。

（1）缺素症发生的原因及表现

氮：严重缺氮时水稻将完全停止生长和发育，甚至死亡。氮不足时水稻生长矮小、分蘖困难，叶色变黄。

磷：严重缺磷时水稻体细胞停止增长，幼苗缺磷，秧苗根系与分蘖增加受到抑制，严重时发生缩苗，叫红苗。后期缺磷影响稻谷籽粒增重和降低稻米品质。

钾：缺钾时稻苗根系不发达，影响养分在体内运输，稻体机械组织强度和抵抗力减弱，茎秆软弱易倒伏，耐寒性和抗旱能力降低，叶片变成浓绿色，叶边缘发生条状黄化现象，呈现赤褐色斑点。后期缺钾，剑叶有褐斑，谷壳变褐，如同火烧症状。稻米品质变劣，食味差。

硅：缺硅时水稻生长受抑制，根和植株发育不良，影响分蘖，叶片发生褐斑病、胡麻叶斑病、稻瘟病，植株坚硬度下降，叶片下垂，茎秆柔软易倒伏，抗旱力减弱。后期缺硅，影响结实率和谷粒增重，稻米品质下降。

钙：缺钙时水稻根系不发达，根尖停止伸长，根毛畸形，影响吸收水分和养分，抗旱能力减弱，植株易衰老而发生早衰。

镁：缺镁时叶片明显失去绿色，呈条纹状，先下位叶变为蓝黑色，逐渐变成铁锈色，再从叶尖向下扩展，使叶片失去直立性，影响光合作用正常进行。

硫：缺硫时水稻植株变矮，叶色变淡，影响分蘖，植株上部新叶开始变黄。

铁：缺铁时叶片表现出缺绿病，但叶脉仍是绿色。

锰：缺锰时亚铁含量高，易引起铁毒害而产生缺绿现象。植株变矮，分蘖少，叶短而窄，严重时褪绿，变黄绿，后变为深棕色斑点以至坏死。根发育不良，使穗粒重降低，影响产量和米质。

锌：缺锌时稻苗发生缺绿病，叶色变淡，嫩叶基部黄白，叶尖较轻，叶脉褪色，顶端生长受抑制，叶尖内卷，植株矮，叶片少，老叶下垂，最后枯死。

（2）缺素症的预防对策

水稻优质栽培对缺素症应特别引起重视，因为对稻谷品质影响很大。不过，缺素症是一个复杂的问题，一般不容易正确判断，真正及时发现解决难度也较大。现提出预防与解决对策：一

是进行土壤养分的测定分析，以便摸清土壤缺乏什么元素和缺乏的底数；二是要辨别土壤缺少各种营养元素的症状，以便及时发现和准确诊断缺素症状，采取有利措施加以解决。必要时邀请有关科技人员进行会诊，做出正确结论和运用有效方法，以免耽误时机，造成损失。

七、名特优水稻及其栽培技术

（一）名特优水稻的意义与历史发展

1. 名特优水稻的意义

名与特是两个不同的概念，既有区别又有联系。

名，即名贵和珍稀，它的稻米格外受人们青睐，无论是品种还是产地，并不是各地到处可见的；而它的知名度明显超过一般水稻，被称为驰名大米。这种稻米往往为普通人所不肯直接食用，而将其奉送到上层人享用。例如，过去称为贡米或特贡米等。但并不一定是特种水稻。

特，即特种水稻，又称特异稻种。其外观、米质及遗传性状与普通常规水稻不同，用途也不相同。这种稻米的色、味、质地及营养成分等均与普通稻米具有明显的区别。所以，又被称为特种水稻或特种稻米、特异稻米。

驰名水稻和特种水稻与普通水稻相比，它们的价值相互差别十分悬殊，但也有极少数例外。例如有一种颜色很深的紫稻，它的米尚未被人们所重用，只是在水稻科学研究单位作试验用于标志稻一直保留着。

名与特之间既有区别又有联系。有的特种水稻广为人知和青睐，变为驰名水稻。而名、特、优三者也同样互为联系，例如，有的优质水稻在众多优质水稻中十分突出，成为优中之优变成了驰名水稻，即由优质上升为驰名水稻了。所谓优质水稻是与普通常规水稻相比而言，优质是有标准的，在前边已有叙述。

2. 名特优水稻的历史发展

我国水稻种植区域辽阔，历史悠久。各地生态环境十分复杂，其种质资源也极为丰富。稻米的品质优异，特殊米质的水稻品种更是多种多样，分布于南北各地。

（1）新中国成立以前名特优水稻生产概况

早在汉代，张衡在《南都赋》中曾以"香粳"便有所记载。东汉郑玄的婚礼碣文所载"杭米馥芬，婚礼之珍"。三国时期湖南长沙就有"上风吹之，五里闻香"的香稻。贾思勰在《齐民要术》中有大香稻和小香稻之说。云南有"一亩稻花十里香，一家煮饭百家香"的大香糯。明朝李时珍在《本草纲目》中记载贵州黑糯米有"补中益气"等功效。到了清朝乾隆年间，香米作为贡米奉送皇帝。乾隆5年（1740年），湖南长安乡民众将香稻敬献皇上，乾隆赞不绝口。康熙皇帝还把红米起名为胭脂米。河北唐山市的紫红米，煮饭时异香扑鼻，回锅三次，色香犹在。

黑米、紫米在陕西等地种植历史也很长，有很高的药用价值。这种黑米、紫米常以糙米食用，营养价值极高。

驰名稻米在北方地区主要有天津小站米、山西晋祠米、辽宁桓仁米、山东鱼台米等。

特优米主要有山东曲阜香稻、临沂溏崖大香稻；河北丰南胭脂米；河南辉县香糯，息县香稻；陕西洋县香谷、寸香米、平利三位寸、绿米、黄米、商南红壳稻及百秆子、岚泉冷水谷，陕西汉中黑香糯；山西红香稻红香米。

（2）新中国成立以来名特优水稻生产概况

我国是世界水稻第二大国，总产量居世界首位。名特优水稻品种资源和种植面积及产量均跃居世界首位。中国农业科学院1992年提供的世界黑米品种411个，其中我国373个，占90.8％。新中国成立初期到改革开放之前，名特优水稻生产进展较缓慢，在人口众多的情况下，人们立足于温饱。经过改革开放三十余年的努力，由温饱走向小康。特别是近几年来，随着市场经济的迅速发展，名特优新水稻种植技术有了显著提高，各种名特优稻米纷纷上市。

主要特种稻米包括各种香米、各种色米（如黑米、紫米、红米、黄米、褐米、绿米）、各种专用米（如软米、酒米、药米、蒸谷米、糕点米，罐头米、大胚米、饮料米）等。

与此同时，近年来各地不断培育出一些新的特种优异稻米品种，吉林省农业科学院水稻研究所育成的龙锦黑米畅销市场，沈阳农业大学育成的沈农香糯也很受欢迎。

汉中黑糯：陕西省汉中农业科学研究所育成。谷壳灰黑色，米皮紫黑色，支链淀粉 100%，蛋白质含量 11.43%，脂肪含量 3.84%，赖氨酸含量 0.997%，比一般大米高出 3.2～3.5 倍。生育期 145 天，不太耐肥，易感稻瘟病。

丝苗选-2：陕西省汉中农业科学研究所育成。株高 109.67 厘米，株型紧凑，生长清秀，叶色青绿，窄直，分蘖力中等，耐肥抗倒，抗病，每穗 112.7 粒，结实率 89.7%，千粒重 25.1 克，生育期 155～160 天，米粒长，垩白度小而透明，外观品质极佳，食味品质好，米质优。

黑香粳糯：汉中市农业技术推广中心选育。株高 80 厘米，每穗 118.5 粒，千粒重 22 克，生育期 155 天。

秦稻 1 号：汉中市农业技术推广中心选育。属高营养性黑米，株高 93 厘米，生育期 150 天，适于中等肥力种植。

苯黑糯：高产黑稻新品种。株高 95～100 厘米，每穗 120 粒，千粒重 29～30 克，米色墨黑，糯性好，适于宽行稀植。

黑珍珠：米皮黑，糯性强，易糊化，适口性好。株高 110 厘米，每穗 115 粒，千粒重 26.3 克，生育期 160 天。

黑寸米：秧苗紫红，株型直立，株高 100 厘米，穗长 27 厘米，每穗成粒 130 粒，千粒重 29 克，生育期 160 天。

银梭香：株型挺立，株高 105 厘米，谷红褐色，梭形，每穗成粒 98.1 粒，千粒重 34.1 克，食味甜香，生育期 154 天。

黑选 3 号：株高 108 厘米，穗长 29 厘米，每穗 119 粒，千粒

重 29 克，米紫色，生育期 152 天。

香珍糯：株高 90 厘米，穗长 22 厘米，谷淡黄无芒，每穗成粒 110 粒，千粒重 28～30 克，生育期 145～150 天，株型半直立，抗倒伏。

汉中雪糯：株高 108 厘米，每穗实粒 113 粒，千粒重 30.8 克，无芒，生育期 155～160 天。

红香寸稻：以色红、味香、粒长、粒大著称奇珍稻。株高 110 厘米，抗病抗倒，千粒重高达 43 克，生育期 145～150 天，分蘖力中等，施肥注意减氮增磷钾，产量高，米质好。

（3）特种稻米的成分及种类

①特种稻米的成分及香米食品：稻米中的香味主要成分是 2-乙酰-1-吡咯啉。可用于普通大米调味，如香米糕点、香米元宵、香米粽子、香米饼干、香米锅巴、香米酒等。这些种类繁多的香米食品，使经济效益倍增。

②特种稻米的种类：按色泽分，有白米、黑米、红米、紫米、黄米、褐米、绿米等。按用途分，有药用米，如民间称神仙米、长寿米、保健米、月子米、鸡血米、补血米等；酒用米，如苏御糯、香粳糯、香血糯、金坛糯、桂花糯等。酒米又分为粳酒米和糯酒米。糯酒米的质量要求：出糙率、精米率、整精米率高，直链淀粉含量低于 2%，蛋白质含量 5%～6%，脂肪含量少，精米籽粒通体乳白色，有光泽、吸水力强，淀粉粒易酶解。按稻米质地分，有软米，米质介于糯性与黏性之间，其米饭质地软而爽口，冷后不变硬，不回生，食用时冷热皆宜。软米饭食后耐饥，做米线不易折断。

（二）名特优水稻栽培特点与技术要求

1. 名特优水稻栽培特点

（1）品质质量要求高

名特优水稻米质各项指标要求比一般优质米更高，否则不可打出驰名品牌，所以对于生态环境和栽培措施的要求也就高。

一是生态区域的选择性，要求具有很好的光照和温度条件。例如宁夏地处西北高原，光照极为充足，水稻灌浆期昼夜温差大，对灌浆极为有利；辽宁桓仁地处辽宁东部山区，水质、气候适于特优稻米形成。

二是名特优水稻栽培措施要求的严格性，不仅以优质米所要求的环保、安全、健康为目标，而且要从绿色食品标准上升到有机食品标准，其栽培措施如农药和化肥的使用应控制在最低量标准指标，而且不能超过这个标准。

（2）经营管理体系健全

名特优水稻栽培管理必须建立健全一套更加完善的组织体系，从产前、产中到产后全过程每一个环节都不能疏忽。否则，就很难实现名特优水稻的质量标准。包括栽培地块的选定、种子的纯度、生产措施、脱谷加工以及包装和贮藏等。

2. 名特优水稻栽培技术要求

（1）土质条件的要求

①名特优水稻种植地块选择和培养：在尚未开发种植水稻地区，前茬应该是无大量施用化肥和使用农药的地块，更不是被污水污染的地方；对于已经种植过多年水稻的地块，要经 3 年左右最大限度地减少化肥和农药使用量，并没有污染的灌溉水进行灌溉的地块，才可以作为名特优水稻的种植基地。也就是达到有机食品基地的要求标准。

②名特优水稻种植土壤的养分和有毒物质的全面测定：如果发现超过规定的指标，就不能作为名特优水稻种植基地，要经过逐步培养达到要求标准。

（2）施肥质量的要求

稻米中游离氨基酸和无机盐含量对食味品质影响很大，食味好的品种，游离氨基酸总量较高。稻米中无机盐含量为 1％，其中镁、钾、磷的含量较多。稻米食味与镁含量高低有关，一般是缺少镁则食味差，镁含量高则食味佳。稻米与钾含量高低则相反，稻米中钾含量越高，稻米食味越差。镁与钾之比与稻米黏性关系十分密

切，比值越高黏性越大。磷与镁的含量早熟品种比晚熟品种高。与抽穗期的关系相反，抽穗越早，磷与镁的含量越低。与灌浆成熟期平均温度具有直接关系，温度越高，磷与镁含量越多。多施氮肥，则磷与镁含量相应减少，抽穗期追氮肥，明显减少镁的含量。

为了保证名特优水稻的稻米品质，在施肥中必须以优质有机肥为主。因为有机肥经过土壤微生物的分解作用，使养分缓慢释放，持续供给水稻对养分的需求。化肥供肥过快，对水稻生育和米质形成具有极大地影响。

名特优水稻米质营养含量要求更加丰富，除了施用全价肥料外，应重视复合微肥的施用，以增加稻米中铁、钙、锌、硒及多种维生素的含量。

（3）灌溉水质的要求

名特优水稻灌溉水质必须严格控制，无污染是先决条件。黑龙江省优质水稻栽培，在灌溉水质方面十分讲究，有的地区采用矿泉水灌溉。庆安县绿色食品大米基地全面实施化肥、农药最低量化工程，从生态环境到栽培措施，达到无污染、无公害的标准要求。

为确保名特优水稻灌溉用水的水质质量，应建立水质监测化验体系，以便及时检测水质，一旦发现水体遭到污染或有毒物质含量超过标准，必须停止灌溉，以免影响米质。

参考文献

本庄一雄，等，吴尧鹏译. 1981. 关于稻米蛋白质含量的若干研究. 水稻（国外农学）（5）.

陈亚君，等. 2004. 无公害优质稻米未来发展战略. 农业经济（增刊）.

费槐林，等. 2000. 水稻良种高产高效栽培. 北京：金盾出版社.

高如嵩，张嵩午. 1992. 稻米品质气候生态基础研究. 西安：陕西科学技术出版社.

耿文良，冯瑞英. 1995. 中国北方粳稻品种志. 石家庄：河北科学技术出版社.

黄发松，胡培松. 1994. 优质稻米的研究与利用. 北京：中国农业科学技术出版社.

吕川根. 1988. 栽培密度和施肥方法对稻米品质影响的研究. 中国水稻科学，2（3）.

罗玉坤，闵捷，等. 1989. 精度对稻米品质的影响. 中国水稻科学，3（3）.

闵绍楷. 1981. 稻米品质的鉴定与改良. 水稻（国外农学）（3）.

孟庆虹，孙雅君，等. 2011. 第九届粳稻发展论坛之 11′全国优良食味粳稻品评结果报告. 北方水稻，41（5）：1-5.

孟庆虹，孙雅君，等. 2013. 第十一届粳稻发展论坛之 13′全国优良食味粳稻品评结果报告. 北方水稻，43（5）：1-4.

庞诚，张金刚，等. 1982. 天津小站稻. 天津：天津科学技术出版社.

孙雅君. 2009. 第七届粳稻发展论坛之 09′全国优良食味粳稻品评结果报告. 北方水稻，39（5）：1-4.

申茂向，段武德. 2000. 优质及专用农作物后补助作物新品种. 北京：中国农业科学技术出版社.

任洪志，董家胜. 2000. 水稻优良品种与高产栽培. 郑州：河南科学技术出版社.

Toru Tashiro 等，陈温福译. 1992. 高温对水稻谷粒积累干物质碳和氮的影响. 水稻高产生理与遗传育种，新农业杂志社.

王力，籍平．2000．农业科普知识荟萃．香港：亚太国际出版有限公司．

王树林．1992．农药安全知识．北京：中国标准出版社．

王一凡，蔡润深，王友芬．1998．水稻节水增效技术规范．沈阳：辽宁科学技术出版社．

王一凡，周毓珩．2000．北方节水稻作．沈阳：辽宁科学技术出版社．

吴吉人，陈光华．2000．北方农垦稻作新技术．沈阳：东北大学出版社．

徐一戎．1998．水稻优质米生产技术与研究．哈尔滨：黑龙江省朝鲜民族出版社．

应存山，盛锦山，等．1997．中国优异稻种资源．北京：中国农业出版社．

俞东平，崔晓丽．1996．江苏省优质粳稻开发迅猛发展．中国稻米（6）．

于广星，隋国民，彭少兵，侯守贵，等．实地氮肥管理技术及对水稻生育及氮肥利用率的影响．辽宁农业科学，2009（6）：1-4.

张起范，丁芬，等．2003．绿色稻米生产主体技术探讨．农业经济（增刊）．

张矢．1998．黑龙江水稻．哈尔滨：黑龙江科学技术出版社．

张旭，等．1998．作物生态育种学．北京：中国农业出版社．

中国科学院北京植物研究所．1977．农田杂草的识别与化学防除．北京：科学出版社．

《中国农作物病虫图谱》编绘组．1974．水稻病虫：第1分册．北京：农业出版社．

《植保员手册》编绘组．1973．农作物病虫害彩色图册：第1分册．上海：上海人民出版社．

周毓珩，马一凡．1991．水稻栽培．沈阳：辽宁科学技术出版社．

朱智伟，杨炜，等．1991．不同类型稻米的蛋白质营养价值．中国水稻科学，5（4）．

水稻条纹叶枯病初期表现

水稻条纹叶枯病中期表现

稻曲病菌核

稻曲病

穗颈瘟病

叶瘟病斑

干尖线虫病

稻胡麻斑病

纹枯病中后期表现

白叶枯病

灰飞虱二、三龄若虫

灰飞虱羽化成虫

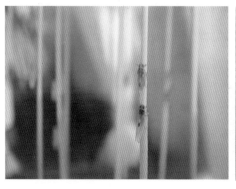

灰飞虱长翅型成虫（上雌下雄）

灰飞虱长翅型雌虫

灰飞虱短翅型雌虫

灰飞虱成虫危害水稻

稻水象甲成虫和取食斑

稻水象甲成虫危害稻叶状

稻水象甲幼虫在水稻根部

稻水象甲蛹期结成的土茧

二化螟

二化螟危害

白背飞虱

稻负泥虫

大青叶蝉

稻蝗

稻螟蛉

负蝗

稗草

浮萍

疣草

雨久花

慈姑